Hala Afifi
Hanan Zidan
Eman Elashry

Nova abordagem de tratamento do genótipo 4 do vírus da hepatite C

Hala Afifi
Hanan Zidan
Eman Elashry

Nova abordagem de tratamento do genótipo 4 do vírus da hepatite C

ScienciaScripts

Imprint
Any brand names and product names mentioned in this book are subject to trademark, brand or patent protection and are trademarks or registered trademarks of their respective holders. The use of brand names, product names, common names, trade names, product descriptions etc. even without a particular marking in this work is in no way to be construed to mean that such names may be regarded as unrestricted in respect of trademark and brand protection legislation and could thus be used by anyone.

Cover image: www.ingimage.com

This book is a translation from the original published under ISBN 978-3-659-95766-6.

Publisher:
Sciencia Scripts
is a trademark of
Dodo Books Indian Ocean Ltd. and OmniScriptum S.R.L publishing group

120 High Road, East Finchley, London, N2 9ED, United Kingdom
Str. Armeneasca 28/1, office 1, Chisinau MD-2012, Republic of Moldova, Europe
Printed at: see last page
ISBN: 978-620-7-62605-2

Índice

CAPÍTULO 1

Hepatite

A hepatite é uma inflamação do fígado. A doença pode ser auto-limitada ou pode evoluir para cicatrizes, cirrose ou cancro do fígado[1] . A hepatite pode ser causada por vários factores, tais como medicamentos, toxinas ou vírus. A hepatite crónica surge após mais de seis meses, afectando um processo inflamatório ativo no fígado[2] . A hepatite viral é uma infeção em que ocorre uma micro-inflamação do fígado. Contém um vasto espetro de sintomas associados. Vai desde os mais ligeiros e subclínicos até aos mais graves e de evolução rápida e é provocada por, pelo menos, cinco agentes virais[3] .

Vírus da hepatite C

Uma das principais causas de morte e morbilidade a nível mundial é o vírus da hepatite C (VHC)[4] . Globalmente, mais de 2,8% da população mundial (mais de 184 milhões de pessoas) (Figura 1.1) **foi infetada** com o vírus da hepatite C (VHC)[5] .

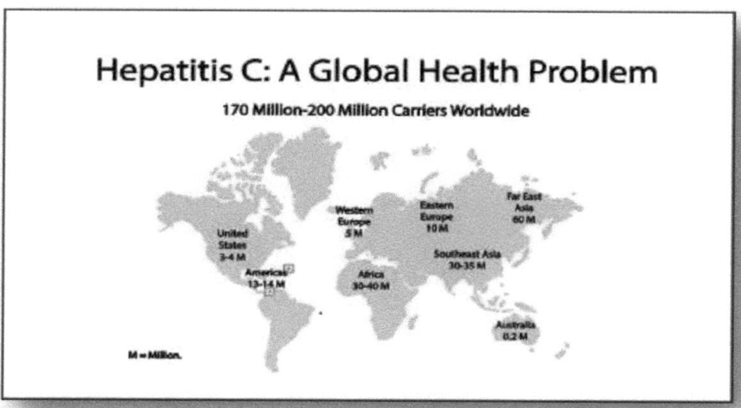

Figura 1.1: Doentes infectados com VHC em todo o mundo [6]

CAPÍTULO 2

Prevalência do VHC

Um dos principais problemas de saúde a nível mundial é a infeção pelo vírus da hepatite C (VHC)[7-8] e, de acordo com o seu agente de perigo histórico e atual, o VHC varia de região para região.

Lamentavelmente, uma política de proteção, diagnóstico e tratamento específica para cada país não conseguiu minimizar esta carga de doença devido à falta de informações epidemiológicas sólidas nas quais basear estas estratégias, sendo as taxas de infeção pelo VHC nestes países[9-10].

A propagação de pessoas positivas para o VHC varia entre um mínimo de 0,2% no norte da Europa e mais de 1% em alguns países africanos[11]. O Egipto tem a propagação de VHC mais elevada do mundo, o que constitui a principal razão para o tumor hepatocelular[12].

Os egípcios com VHC cronicamente infetado têm quinze a vinte vezes mais probabilidades de progredir para CHC do que aqueles que não estão infectados[13]. E regista a taxa mais elevada de infeção por VHC no Médio Oriente e no Norte de África (Figura 1.2)[14].

A viremia dos egípcios foi estimada em mais de 6 milhões em 2008[15]. Esta epidemia tem sido relacionada, em parte, com uma expedição de varrimento da terapia parentérica anti-esquistossomótica nas décadas de 1950-1980, através da qual milhões de indivíduos tomaram terapia intravenosa na sociedade rústica[16-17].

Não existe uma avaliação nacional representativa da propagação do VHC entre crianças com menos de quinze anos de idade no Egipto.

No entanto, entre 1992 e 2005, um inquérito metódico sobre o VHC no Egipto determina seis estudos que avaliam a propagação do VHC entre crianças em idade escolar e apresentam uma prevalênciade HCV-Ab positivos de 2,1% a 12,1%[18].

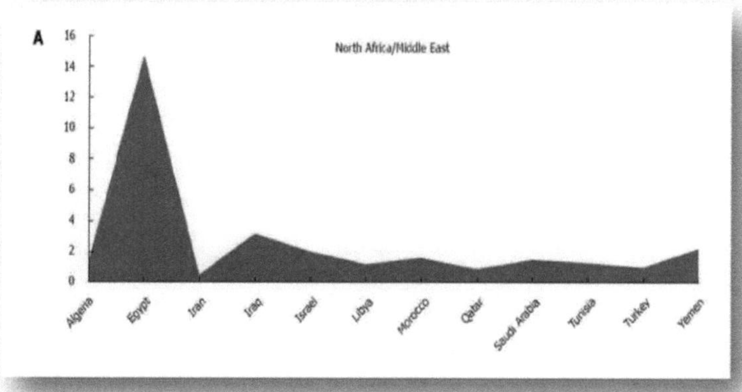

Figura 1.**2:** Prevalência do vírus **da hepatite** C no Norte de África **e** no Médio Oriente[14] .

CAPÍTULO 3

Vias de transmissão do VHC

Embora muitos dados sugiram que a infeção pelo VHC pode ser eliminada nos próximos 15-20 anos com estratégias terapêuticas específicas[19-20] , é necessário um bom conhecimento das infecções pelo VHC para desenvolver estratégias de prevenção de novas infecções.

O HCV pode ser transmitido de várias formas (Figura 1.3). O principal modo de exposição ao HCV é percutâneo, sendo o consumo de drogas injectáveis o maior fator de risco de infeção pelo HCV[21-22] .

O transporte do HCV faz-se, em primeiro lugar, através da exposição a sangueinfetado. Antes de 1992, o risco de transmissão envolve transfusão de sangue, utilização de drogas intravenosas, exposição profissional, hemodiálise, elevado risco de vitalidade sexual, parto de uma mãe infetada, utilização de cocaína intranasal e exposição doméstica. Os diferentes processos de transmissão (hemodiálise, perinatal, doméstica e profissional) correspondem a cerca de 10% das infecções[23] .

O VHC não se propaga através de mãos dadas, carícias, espirros, tosse ou participação em utensílios para beber ou comer, nem é transmitido pela água ou pelos alimentos[24] .

A nível internacional, a transmissão vertical representa a principal via de transmissão do VHC através das crianças[25] . No entanto, a

O envolvimento da transmissão vertical na ocorrência do HCV e seus efeitos na saúde pública ainda é obscuro. O genótipo do VHC, a valência, o aleitamento materno ou a idade da mãe não parecem estar relacionados com o risco de infeção vertical (26) ■

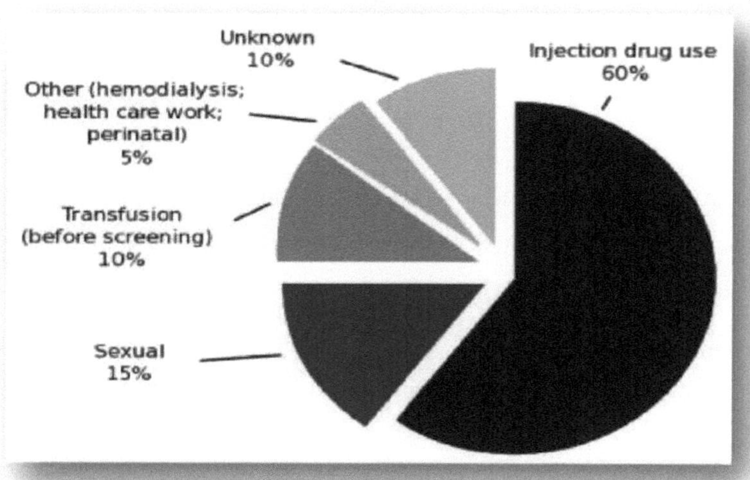

Figura 1.3: Vias de transmissão do VHC [27]

Infeção aguda por HCV

Normalmente, os indivíduos com infeção aguda pelo VHC são assintomáticos ou têm uma doença clínica moderada; 60%-70% não apresentam sintomas visíveis; 20%-30% sofrem de iterícia; e 10%-20% apresentam sintomas inespecíficos (por exemplo, mal-estar, anorexia ou dor abdominal)[28-29] . A doença clínica em doentes com hepatite C aguda que requerem cuidados médicos é análoga à de outras formas de hepatite viral, e os testes serológicos são vitais para definir a etiologia da hepatite num doente individual. O início dos sintomas pode ocorrer antes da seroconversão para o anti-HCV num número mínimo ou igual a 20 % destes doentes. Após 6-7 semanas de exposição à infeção, o sintoma aparece[29-30] , enquanto o intervalo entre a exposição e a seroconversão é de 8-9 semanas. O anti-HCV pode ser revelado em 80% dos pacientes durante quinze semanas após a exposição, em mais de ou equivalente a 90% durante cinco meses após a exposição da infeção, e em mais de ou igual a 97% durante seis meses após a exposição. Raramente, a seroconversão pode ser tardia, até nove meses após a exposição à infeção[31] . A evolução da hepatite C aguda é variável, embora os níveis de ALT sérica aumentem, muitas vezes de forma oscilante. A normalização dos níveis de ALT pode ocorrer e indicar uma convalescença completa, mas esta é consideravelmente seguida por um aumento da ALT que indica uma sucessão de doença crónica[32], com ou sem aumentos do nível de bilirrubina total[33] . A insuficiência hepática fulminante subsequente à hepatite C aguda é pouco frequente[34-35] .

Infeção crónica por HCV

O percurso da doença hepática crónica é geralmente ilusório, desenvolvendo-se a um ritmo retardado, sem indicação principal ou física, na maioria dos doentes durante as primeiras duas ou mais décadas após a infeção. A hepatite C crónica não é conhecida até que indivíduos assintomáticos sejam especificados como HCV-positivos através do aumento dos níveis de ALT, determinado através de um exame físico de rotina ou de um exame a dadores de sangue.

A infeção crónica pelo VHC evolui na maioria dos indivíduos (75%-85%)[36] com uma elevação permanente ou oscilante da ALT, que faz referência a uma doença hepática ativa que se desenvolve em 60%-70% dos indivíduos cronicamente infectados[37] . A evidência de aminotransferases elevadas exige uma explicação diagnóstica diferencial, que pode resultar na confirmação da infeção pelo VHC. As aminotransferases são um bom marcador da hepatite C crónica (geralmente 3 a 5 vezes superior ao normal); a relação ALT/AST pode indicar o desenvolvimento de cirrose.

No acompanhamento a longo prazo, as aminotransferases apresentam frequentemente grandes flutuações de atividade (sobem e descem antes de atingirem o seu nível normal)[38] . A infeção crónica pelo VHC só é reconhecida na fase de cirrose. Um total de 20 % dos doentes com hepatite C crónica desenvolvem cirrose no prazo de 20 anos[39] . A taxa de infeção crónica pelo VHC é influenciada por numerosos factores, incluindo o sexo, a etnia, a idade no momento da infeção e a evolução da iterícia durante a infeção aguda[40] .

CAPÍTULO 4

Estrutura do vírus da hepatite C

A família de vírus Flaviviridae inclui o VHC, que inclui os pestivírus, os flavirirus e os hepacivírus[41] . O VHC é composto por um genoma de ARN de cadeia simples e sentido positivo num nucleocapsídeo, que é encerrado num envelope obtido a partir de membranas do hospedeiro, no qual se alojam glicoproteínas codificadas pelo vírus .[42]

A estrutura do genoma do VHC é composta por 9 500 nucleótidos que contêm regiões terminais conservadas 5' e 3' que rodeiam um grande quadro de leitura aberta (ORF) de 9 033 a 9 099 nucleótidos que codifica um antecedente poliprotéico de quase 3 000 aminoácidos[43-44] . As proteases celulares e virais processam conjuntamente a poliproteína para produzir os produtos virais[45] .

Os nucleotídeos no terço 5' do genoma codificam as proteínas estruturais que contêm a proteína do envelope 1 (E1, 31 a 37 kd), a proteína do envelope 2 (E2,61 a 72 kd) e a proteína do núcleo (C, 16 a 21 kd).Várias funções necessárias para o ciclo de vida viral (Tabela 1.1) foram realizadas pelas seis proteínas não estruturais (Figura 1.4), que consistem em NS2, NS3, NS4A, NS4B, NS5A e NS5B[46-47] .

A proteína codificada NS2 é uma proteinase dependente de Zink, que se pensa mediar a divisão auto-proteolítica da junção NS2 e NS3. O domínio da serina-protease do tipo quimotripsina, localizado no terço N-terminal da região NS3, onde se dividem as restantes proteínas virais não estruturais na junção NS3/NS4A, NS4A/NS4B, NS4B/ NS5A e NS5A /5B [47]

Tabela 1.1. Funções dos elementos genéticos do vírus da hepatite C [48]

Genetic elements	Function
Regulatory sequences	
5ˉ UTR	Internal ribosomal entry site for translation; replication
3ˉXR	Translation and replication
Viral proteins	
Core	Nucleocapsid; assembly
E1 and E2	Envelope proteins; assembly and entry
P7	Assembly †
NS2	NS2-3 protease
NS3	Serine protease, nucleotide triphosphatase, and RNA helicase
NS4A	Cofactor for NS3 protease activity; replication
NS4B	Replication†
NS5A	Phosphoprotein; replication† and interferon sensitivity sequence‡
NS5B	RNA-dependent RNA polymerase

3ˉ XR = 3ˉ untranslated region; 5ˉ UTR = 5ˉ untranslated region

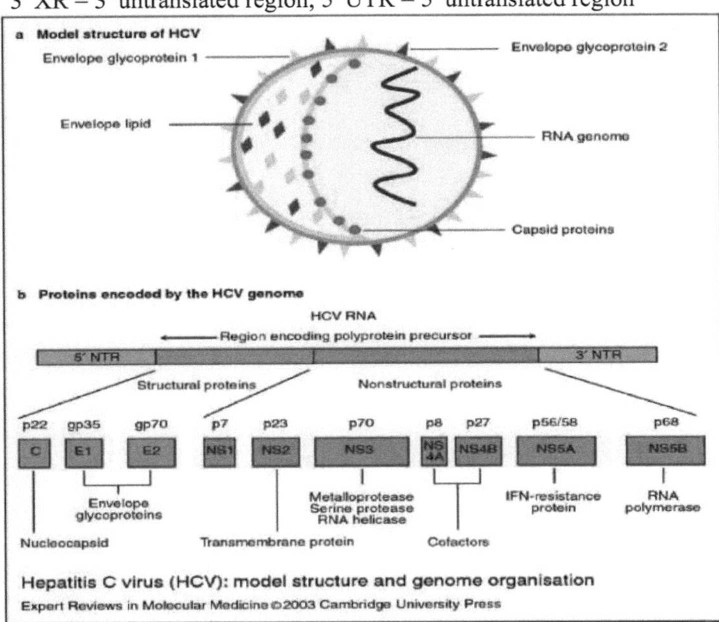

Figura 1.4: Vírus da hepatite C (VHC), modelo de estrutura e organização do genoma[49] .(a) Modelo de estrutura do VHC. O lado esquerdo da ilustração mostra a superfície viral de lípidos e glicoproteínas do envelope; o lado direito mostra o genoma de ARN envolvido por proteínas do capsídeo. (b) Proteínas codificadas pelo genoma do VHC. O HCV é formado por uma partícula envelopada que contém um ARN de

cadeia positiva de ~9,6 kb. O genoma contém uma longa estrutura de leitura aberta (ORF) que codifica um precursor poliprotéico de 3010 aminoácidos. A tradução da ORF do HCV é dirigida através de uma região não traduzida (NTR) de 5' com cerca de 340 nucleótidos, que funciona como um local interno de entrada no ribossoma; permite a ligação direta dos ribossomas na proximidade do códão de início da ORF. A poliproteína do VHC é clivada co- e pós-translacionalmente por proteases celulares e virais em dez produtos diferentes, com as proteínas estruturais [núcleo (C), E1 e E2] localizadas no terço N-terminal e as proteínas replicativas não estruturais (NS2-5) no restante. São apresentadas as funções putativas dos produtos de clivagem.

CAPÍTULO 5

Genótipos do vírus da hepatite C

O VHC apresenta um elevado grau de divergência genética; foi distribuído por sete genótipos diferentes e mais de sessenta subtipos que variam na sua sequência de nucleótidos[50-51]. Cada genótipo tem a sua distribuição geográfica distinta (Figura 1.5). Na Europa, Japão e EUA, o HCV-1 e o HCV-2 são os genótipos mais difundidos. Na Ásia, o HCV-3 é predominante, enquanto que o HCV-5 e o HCV-6 estão geralmente confinados à África do Sul e ao Sudeste Asiático. O HCV-4 é o genótipo predominante no Médio Oriente e no Norte de África, com exceção da Argélia (HCV-1b). A disseminação inflacionada da infeção pelo HCV-4 em todo o mundo está presente no Egipto (mais de 10% da população; HCV-4[52].

Zein[53] referiu que surgiu uma indicação importante no papel dos genótipos do VHC na gravidade da doença e na sensibilidade à terapêutica antiviral. É importante referir que as pessoas infectadas com qualquer um dos sete genótipos podem progredir para uma doença hepática avançada, envolvendo cirrose e CHC. No entanto, alguns genótipos parecem ser mais acentuados em comparação com os outros.

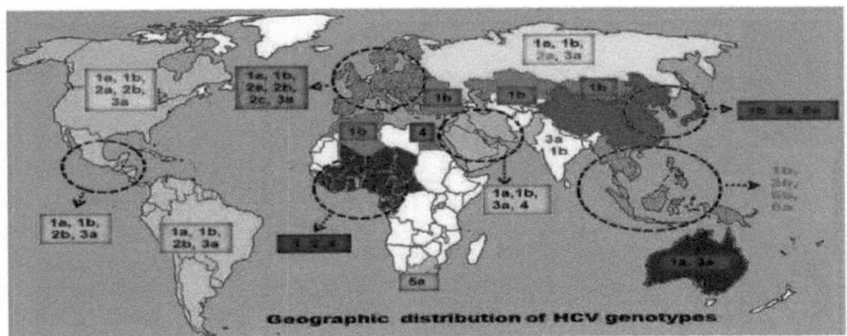

Figura 1.5: Distribuição geográfica dos genótipos do VHC [54]

Replicação do HCV no hospedeiro

No início da infeção pelo VHC, é necessário que o vírus se fixe na superfície da célula hospedeira, seguido de uma entrada celular do virião. A reação entre as glicoproteínas do envelope viral e os receptores de superfície da célula hospedeira (LDL-R, SR-BI, CD81, DC-SIGN e L-SIGN)[55] tem uma função importante na fixação do vírus e na endocitose celular que se segue[56] . A integração das membranas celulares e do vírus leva à libertação do nucleocapsídeo do VHC no citoplasma da célula, ao início da tradução do ARN viral e ao processamento da poliproteína que o produz[57] . Os agentes celulares e virais alteram o retículo endoplasmático da célula hospedeira para configurar um complexo de replicação membranoso (a teia membranosa), que é o principal local de amplificação do ARN-VHC. Neste local, o ARN genómico viral de cadeia positiva é sintetizado a partir de um modelo de cadeia negativa[44] . A encapsidação do genoma viral também tem lugar no retículo endoplasmático. Os viriões seguem a passagem secretora celular e, através desta operação, amadurecem antes de serem libertados para o espaço pericelular por exocitose (Figura 1.6)[58]

.

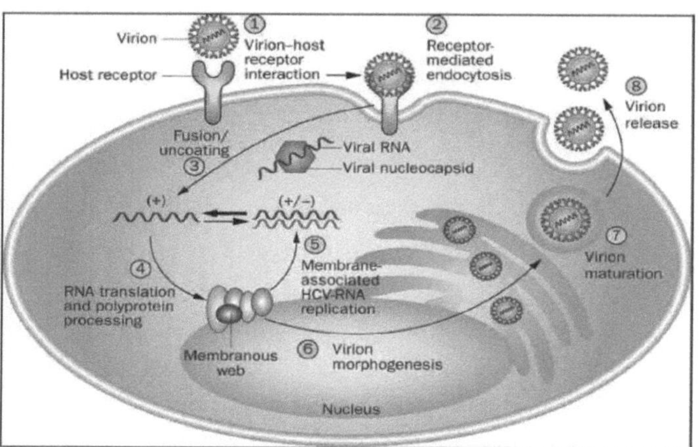

Figura 1.6: Diagrama esquemático do ciclo de replicação do VHC[59] . Os viriões extracelulares do VHC interagem com moléculas receptoras na superfície celular (1) e sofrem endocitose mediada por receptores (2). Após a fusão da membrana mediada pela glicoproteína do VHC, o nucleocapsídeo do virião (que contém o ARN viral) é libertado para o citoplasma (3). O ARN genómico é traduzido para gerar uma única grande poliproteína que é processada nas 10 proteínas maduras do VHC. O retículo endoplasmático é modificado por factores virais e celulares para formar uma rede membranosa, que é o principal local de amplificação do ARN viral (4). Seis das proteínas maduras do VHC ajudam a replicação do ARN viral através da síntese de cadeias positivas (+) a partir de um molde de cadeia negativa (-) de ARN intermediário replicativo (5). Uma porção deste ARN recém-sintetizado é empacotada em nucleocapsídeos e associada às glicoproteínas do VHC, um processo que leva ao brotamento do virião para o retículo endoplasmático (6) durante o processamento através da via secretora celular, os viriões atingem a maturação (7). Os viriões maduros são libertados da célula para completar o ciclo de vida (8).

CAPÍTULO 6

Imuno-patogénese da Hepatite C

É mais provável que o vírus da hepatite C cause uma infeção crónica clinicamente aparente em indivíduos que, além disso, são imunocompetentes. Assim, o vírus é capaz de enganar uma resposta imunitária eficaz do hospedeiro[48] .

Componentes da resposta imunitária antiviral

A resposta imunitária específica a qualquer infeção viral é preparada por macrófagos e células dendríticas que submetem as proteínas virais a células T auxiliares, células T citotóxicas e células B (Figura 1.7). Na infeção viral, as células B geram anticorpos que podem purificar o vírus circulante e proteger contra a reinfeção. Através de receptores específicos de células T na superfície celular, as células T auxiliares reconhecem os péptidos virais que são obtidos a partir de proteínas do VHC fagocitadas e divididas proteoliticamente e que são fornecidas no caso de moléculas MHC de classe II. Ao ativar os seus receptores específicos de células T, as células T auxiliares específicas do VHC ajudam na ativação e diferenciação das células B, bem como na estimulação[60] e indução de células T citotóxicas específicas do vírus. Muitos destes efeitos são mediados por várias séries de citocinas reguladoras do sistema imunitário Th1 (IL-2 e IFNγ) ou Th2 (IL-4, IL-5 e IL-10). No contexto das moléculas MHC de classe I, as células T citotóxicas CD8-positivas reconhecem os péptidos do VHC que são sintetizados e processados nas células infecciosas (Figura 1.7). Este confronto pode provocar a lise das células infectadas pelo vírus.

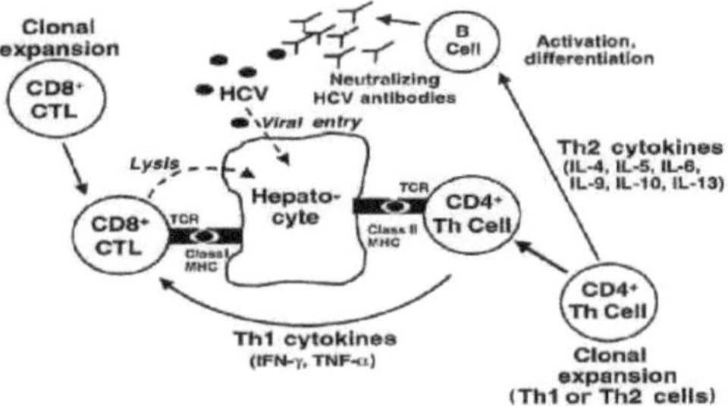

Figura 1.7: Componentes da resposta imunitária antiviral[48] . Embora o hepatócito seja aqui representado como a célula-alvo da resposta imune específica do vírus da hepatite C (VHC), outras células, incluindo as células dendríticas e os macrófagos, são também importantes na apresentação de antigénios ao sistema imunitário (CTL = célula T citotóxica; IL = interleucina; MHC = complexo principal de histocompatibilidade; TCR = recetor de células T; Th = T helper; Th1 = células T helper com um perfil de citocinas de tipo 1; Th2

= células T helper com um perfil de citocinas de tipo 2; TNF = fator de necrose tumoral).

Resposta imunitária humoral

O vírus da hepatite C pode iniciar uma infeção contínua, independentemente de uma resposta imunitária humoral e celular ativa que é principalmente dirigida contra proteínas virais inteiras. Se a cinética da infeção e da replicação viral não permitir a neutralização completa do vírus por anticorpos específicos do VHC após a primeira infeção, o vírus pode escapar à resposta imunitária humoral. Embora os anticorpos específicos do vírus possam interferir com a entrada do vírus nas células hospedeiras e opsonizar o vírus para remoção pelos macrófagos, não podem remover o VHC das células infectadas. Além disso, o VHC possui uma elevada taxa de mutação, especialmente na região hipervariável das proteínas do envelope que podem ser reconhecidas por anticorpos neutralizantes (anticorpos que podem ligar-se e desalojar o vírus)[61-62] . Várias investigações explicaram que a resposta imunitária humoral pode selecionar variantes do VHC com alterações em série que permitem eliminar o reconhecimento dos anticorpos[63-64] . No entanto, pesquisas em chimpanzés propuseram que o VHC pode originar um contágio contínuo na ausência de mutações na região hipervariável[65-66] . Assim, a progressão da infeção contínua pelo VHC é muito provavelmente um processo multifatorial que depende de várias manifestações da interação vírus-hospedeiro.

Resposta imunitária celular

A resposta imunitária celular desempenha talvez uma função significativa no resultado da infeção pelo VHC devido ao seu potencial para reconhecer e remover o vírus das células infecciosas. A maioria das investigações centrou-se na resposta imunitária específica do antigénio, que é processada por células T citotóxicas CD8-positivas e células T auxiliares CD4-positivas. As investigações imunológicas foram realizadas em doentes com uma infeção contínua que não conseguiram eliminar o VHC devido ao facto de, na maioria dos doentes, se distinguir uma infeção mais crónica do que aguda. Apenas alguns rastreios examinaram a resposta imunitária celular durante a fase aguda do contágio. Os estudos referem que a qualidade e a intensidade das respostas das células T auxiliares[67-68] e das células T citotóxicas[69] variam entre os indivíduos que se curam e os que sofrem de infeção crónica.

Mais significativo ainda, as sequências virais que são reconhecidas de forma mais considerável e vigorosa pelas células T específicas do VHC mudam pouco entre todos os genótipos do VHC. Além disso, vários destes péptidos virais consideravelmente reconhecidos ligam-se com elevada afinidade a várias moléculas MHC de classe II, o que sugere que podem ser reconhecidos e apresentados de forma eficaz por doentes com vários haplótipos MHC[68-70]. Assim, estas sequências virais poderiam ser inspeccionadas para a evolução de vacinas curativas ou profiláticas contra o VHC.

Diversas formas demonstraram a interferência da resposta celular contra o VHC. Em primeiro lugar, o VHC desencadeia apenas uma fraca resposta das células T nos doentes que sofrem de infeção crónica[68-71]. No sangue de indivíduos com hepatite C crónica, a frequência de precursores de células T citotóxicas que são especificadas para os péptidos do VHC do doente é muito inferior à frequência de células T que distinguem um péptido do vírus da gripe como antigénio de transformação[72] ou péptidos de outros vírus que podem ser purificados, como o citomegalovírus[73]. As causas para esta debilidade proporcional da resposta imunitária celular não são conhecidas. Certamente, a tolerância imunitária comum ou a imunossupressão não é a razão da infeção contínua pelo VHC, uma vez que a maioria dos indivíduos cronicamente infectados demonstrou respostas imunitárias normais em relação a outros agentes virais[72]. O aparecimento de quase-espécies ou mutantes virais com variações de sequência nos epítopos das células T pode contribuir para a ineficácia óbvia da resposta imunitária mediada por células[74-75]. Há também cada vez mais indícios de que várias proteínas do VHC, como a NS5A[76], a E2[77] e o núcleo[78] intervêm na resposta imunitária.

Além disso, os hepatócitos infectados, que não possuem moléculas co-estimuladoras, podem ser comparativamente inactivos na ativação do sistema imunitário, e o fígado tem sido referido como o principal local onde as células T activadas são destruídas[79]. Finalmente, a resposta imunitária celular tem dois comportamentos adversos. Uma resposta imunitária que seja ineficaz na remoção da infeção pelo VHC pode ser mais prejudicial para o fígado, levando a inflamação crónica, lesão hepatocelular e, ao longo de várias décadas, fibrose hepática e cirrose. O desenvolvimento de uma infeção contínua e os mecanismos imunológicos de lesão hepática são o resultado de interacções intrincadas entre o hospedeiro e o vírus. A consistência dos correlatos imunológicos da remoção viral pode contribuir para a evolução de uma vacina eficaz e de um remédio preferível para o contágio pelo VHC.

CAPÍTULO 7

Interleucina 12

As células T helper 1 excretam maioritariamente (IL-2), IFN-γ e IL-12. A IL-12 tem várias funções biológicas e, de forma crucial, transfere a impedância inata inespecífica imediata e a imunidade adaptativa específica do antigénio seguinte[80] . A IL-12 foi determinada principalmente como resultado de linhas de células B humanas transformadas pelo vírus Epstein-Barr (EBV). A IL-12 era a única citocina heterodimérica reconhecida, mas é atualmente uma divisão de uma família composta por diversos outros membros, incluindo a IL-23, a IL-27 e a IL-35[81] .

Via de sinalização da IL-12

A via de sinalização da IL-12 é descrita na (Figura 1.8). Quando a IL-12 se liga ao complexo IL-12R, surge a estimulação das cinases Jak (Tyk- 2 e Jak-2), resultando na fosforilação do recetor, que se torna um local de ligação das proteínas STAT4, que são rapidamente induzidas no recetor e fosforiladas nos seus resíduos de tirosina pelas cinases Jak. A fosforilação da tirosina das proteínas STAT4 estimula a sua homodimerização e translocação para o núcleo, onde se ligam a sequências conservadas e ajustam a transcrição dos genes (Figura 1.8). A IL-12 é a principal responsável pela estimulação de STAT4 nas células Th1 e NK. Além disso, a sinalização de IL-12 ativa STAT1, STAT3 e STAT5[82-83] . A investigação demonstrou que o IFN-γ aumenta a atividade do fator de transcrição T-bet, que se revelou ser estimulado principalmente nas células Th1[84] .

A resposta do T-bet ao IFN-γ resulta na regulação positiva da expressão da superfície do IL-12R β2 e permite a reatividade das células Th1 à IL-12[85] . Outros estudos novos demonstraram que a T-bet regula negativamente a expressão de GATA-3, o principal regulador do eixo das células Th2[86] . Contrariamente, a citocina Th2 IL-4 minimiza a expressão de IL-12R β2 e, por conseguinte, deixa as células Th2 sem resposta[87] . Os resultados adversos do IFN-γ e da IL-4 na expressão de IL-12R β2 podem participar na obrigação de discriminação Th1/Th2. O priming de macrófagos com IFN-γ aumenta a capacidade de resposta celular à motivação inflamatória, envolvendo o **próprio** IFN-γ**, que** estimula funções microbicidas directas envolvendo a preparação de espécies reactivas de oxigénio e TNF-α e eleva as capacidades de processamento e apresentação de antigénios dos macrófagos. Além disso, o IFN-γ desempenha uma função na organização da vitalidade e proliferação das células T[88] .

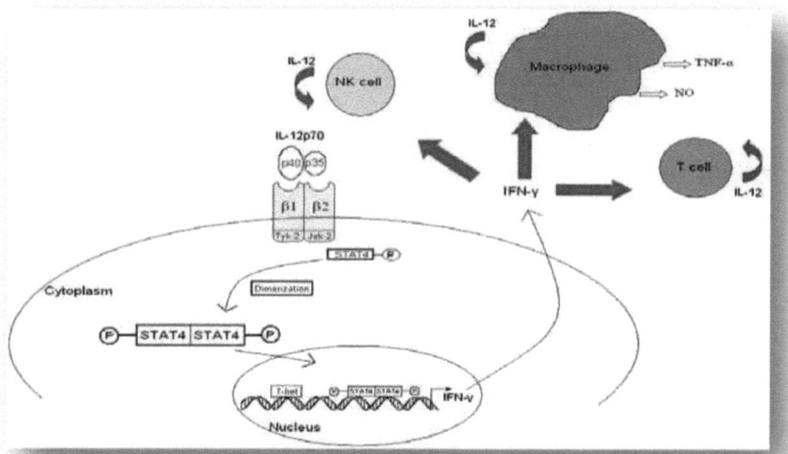

Figura 1.8: Via de sinalização da IL-12[80] . A IL-12 ativa a via Jak/STAT. Após a ligação da IL-12p70 e da IL-12p35 ao IL-12R β1 e ao IL-12R β2, respetivamente, o Jak-2 e o Tyk-2 são fosforilados. A IL-12R β2 fosforilada liga-se ao STAT4 que, por sua vez, dimeriza com outra molécula de STAT4. Os homodímeros de STAT4 translocam-se para o núcleo e promovem a transcrição do gene IFN-y. O T-bet é outro fator de transcrição que desempenha um papel no desenvolvimento Th1 e na produção de IFN-γ. A IL-12 e o IFN-γ induzem a atividade e a proliferação de MΦs, células NK e células T, que também segregam IL-12.

Actividades biológicas da IL-12

A IL-12 é sintetizada maioritariamente por MΦs, DCs, neutrófilos, monócitos, células da microglia e, numa gama mínima, por células B (Figura 1.9). Células não imunes, como osteoblastos e queratinócitos infectados, células epiteliais e endoteliais, também sintetizam várias quantidades desta citocina[90] . A produção de IL-12 é controlada por mecanismos de feedback negativo e positivo, incluindo IFN de tipo 1, citocinas Th1 (por exemplo, IFN-γ) e citocinas Th2 (por exemplo, IL-10) *(Figura 1.9)*[91-92] .

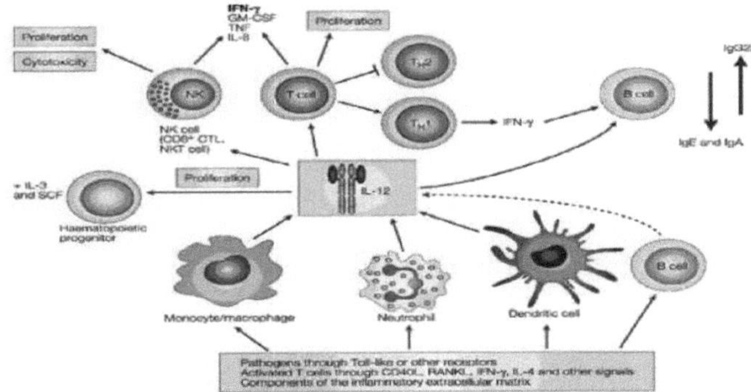

Figura 1.9: Resumo da biologia da IL-12[93] . Os principais produtores fisiológicos deIL-12 são os fagócitos (monócitos e neutrófilos) e as DCs em resposta a agentes patogénicos (bactérias, fungos, parasitas intracelulares e vírus) através de TLRs e outros receptores, a sinais solúveis e ligados à membrana provenientes de células T activadas e células NK, e a componentes da matriz extracelular inflamatória através de CD44 e TLRs. As células-alvo fisiologicamente mais importantes da IL-12 são os progenitores hematopoiéticos, para os quais, em sinergia com outros factores estimuladores de colónias, a IL-12 induz o aumento da proliferação e a formação de colónias; as células NK, as células T NK e as células T, para as quais a IL-12 induz a proliferação, o aumento da citotoxicidade e da expressão de mediadores citotóxicos e a produção de citocinas, em particular IFN-γ, bem como favorece a diferenciação em células produtoras de citocinas do tipo 1 (células Th1, TC1 e NK1) e células B, para as quais a IL-12, diretamente ou através dos efeitos de citocinas de tipo 1, como o IFN-γ, aumenta a ativação e a produção de classes de imunoglobulinas associadas a Th1. CTL, linfócito T citotóxico; GM-CSF, fator estimulador de colónias de granulócitos e macrófagos; RANKL, ativador do recetor do ligando do fator nuclear-κ B; SCF, fator de células estaminais; TC1, T citotóxico 1; TH1/Th1, T helper1; TNF, fator de necrose tumoral.

A IL-12 tem vários papéis biológicos e liga a imunidade inata e adaptativa. A indução de IL-12 derivada de monócitos desempenha também a função principal na indução de impedimento da invasão parasitária[94] . A IL-12 também protege as células CD4+ Th1 da morte apoptótica induzida por antigénios[95] . A IL-12 desempenha uma função na fuga e na peregrinação das células T, promovendo a expressão de moléculas de adesão eficazes, como a P-selectina e a E-selectina, em células Th1, mas não em células Th2; por conseguinte, estas células são seleccionadas para locais onde são necessárias respostas imunitárias Th1[96] . Além disso, a IL-12 motiva a diferenciação das células T CD4+ naive em células Th1 e estimula as células NK. Durante a ativação, estas células produzem outras citocinas de tipo 1 e IFN-γ[97]

.

Aplicações terapêuticas da IL-12 em infecções

A IL-12 é muito promissora como fator imunoterapêutico, uma vez que desempenha uma função importante no controlo das respostas imunitárias adaptativas e inatas e sinergiza com várias outras citocinas para aumentar as actividades de regulação imunitária. Além disso, a alteração do equilíbrio entre a expressão dos membros da família IL-12 pode explicar uma nova estratégia para regular as respostas imunitárias mediadas por células T[98] . As investigações em humanos e animais demonstraram melhores resultados no tratamento ou prevenção do contágio, dependendo da técnica de tratamento dependente da IL-12.

Recetor do tipo Toll

Em conjunto, os sistemas imunitários adaptativo e inato do hospedeiro têm um mecanismo complicado de defesa contra a infeção viral crónica[99] . A natureza com que as células imunitárias distinguem o não-eu do eu é a principal caraterística do sistema imunitário humano[100-101] . Enquanto o sistema imunitário adaptativo possui receptores de reconhecimento de antigénios específicos, o sistema imunitário inato utiliza um conjunto único de receptores de reconhecimento de padrões (PRRs), como os TLRs, que reconhecem estruturas moleculares não específicas, mas conservadas, nos microrganismos[100-102] .

Família de receptores Toll-like

Os membros da família TLR revelam uma grande extensão de padrões moleculares conservados associados a agentes patogénicos (PAMPs). Ao longo da identificação e ligação a um PAMP, a energização estimula vias de sinalização participadas que culminam na expressão de vários genes de defesa do hospedeiro. Em humanos, existem 10 membros identificados da família TLR, que são proteínas ligadas à membrana, estruturalmente reconhecidas pelo envolvimento de um ectodomínio de repetição rica em leucina e domínio TIR conservado e repetição rica em leucina[103-104] . Este domínio extracelular/endossómico rico em leucina desempenha uma função essencial de ligação dos ligandos, embora a base molecular para a identificação dos PAMPs pelos TLRs seja em grande parte obscura[105] .

Os subgrupos de TLR são categorizados em função da posição do recetor e do seu papel na ativação. Os TLRs expressos na superfície celular incluem TLR1, TLR2, TLR4, TLR5 e TLR6; estes subgrupos são capazes de revelar algumas proteínas virais e a composição da parede celular de fungos e bactérias[106] . Os subgrupos intracelulares TLR3, TLR7, TLR8 e TLR9 estão situados no interior dos endossomas e ligam-se aos ácidos nucleicos virais[106107] . A sua localização nos endossomas proporciona um clima em que o ADN do hospedeiro não deve existir, evitando assim os resultados prejudiciais prováveis do auto-reconhecimento[108] .

CAPÍTULO 8

Sinalização TLR7: Indução de citocinas antivirais

O TLR7 é expresso principalmente nas células dendríticas plasmocitóides (PDC) e nos linfócitos B, que distinguem o RNA viral de cadeia simples[101].

A sinalização do TLR7 está, em primeiro lugar, relacionada com a origem de uma resposta endógena de interferão de tipo I (Figura 1.10). A ligação do TLR7 ao seu ligando competente origina alterações conformacionais e a dimerização dos receptores, seguindo-se a indução da sua proteína adaptadora TIR especificada, MyD88.MyD88 opera uma cadeia de moléculas de transdução de sinal IRAKs, TRAF6, e TAK1, que efectuam a ativação do NF-κB e IRF7 *(Figura 1.10)*.

A sinalização TLR7 é fanática no sentido da estimulação do IRF7, que auxilia o fabrico de citocinas antivirais, envolvendo interferões do tipo I e do tipo II, enquanto o NF-κB estimula um impacto pró-inflamatório através da excreção de citocinas como IL-6, IL-12 e TNF-α[106-108-109].

A produção de interferões de tipo I e II motivada pelos TLR7 estimula as vias que conduzem à destruição de agentes patogénicos intracelulares, envolvendo a ativação de células efectoras da imunidade adaptativa[99]. Este aumento da sinalização imune inata e adaptativa faz dos ligandos TLR um complemento atrativo para a terapêutica antiviral[110].

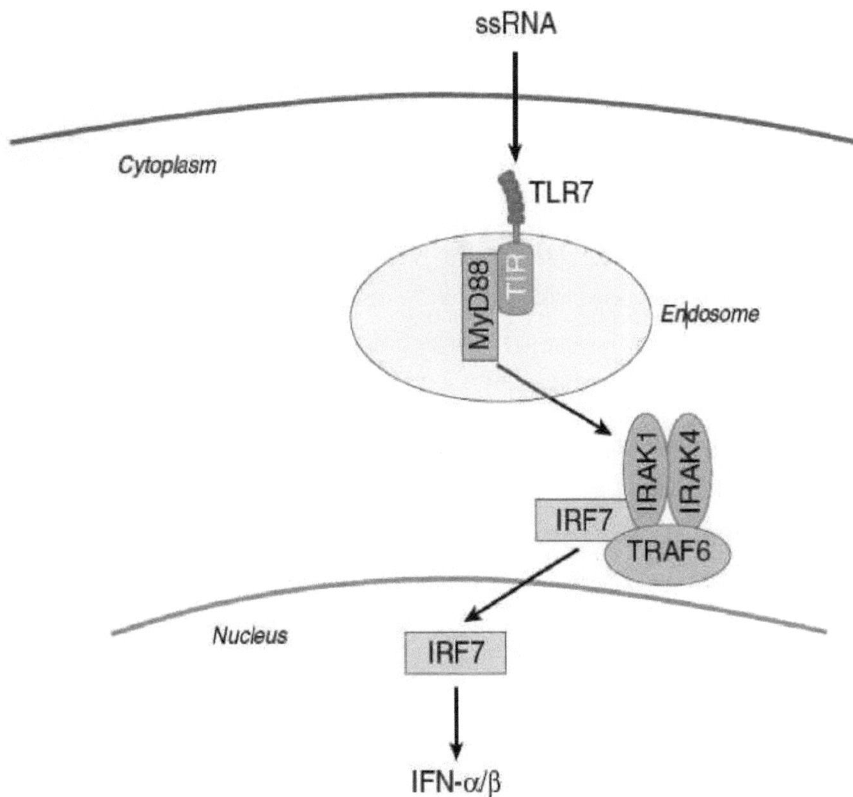

Figura 1.10: Sinalização selectiva do TLR7[111] Os ligandos naturais do TLR7 incluem o ssRNA, em particular as partículas virais (HCV). Uma vez que um virião do VHC entra no hepatócito, liga o recetor TLR7, resultando na formação de um complexo facilitado pelo recrutamento da proteína adaptadora, MyD88 e TIR, que ocorre no compartimento endossómico. Este complexo desencadeia então uma série de vias de transdução de sinal que culminam na formação do complexo IRAK/IRF7/TRAF6. Os agonistas **exclusivos do TLR7** geram a ativação de interferões do tipo I, enquanto os agonistas do TLR7/8 geram citocinas pró-inflamatórias, como a IL-2, a IL-8 e o TNF, juntamente com o **interferão α/β, o que pode resultar no desenvolvimento de** efeitos adversos **indesejáveis**. Por conseguinte, os agonistas selectivos do TLR7 são ideais para o tratamento dos vírus da hepatite.

CAPÍTULO 9

Tratamento antiviral

Interferão

O interferão foi descoberto em 1957[112] potentes moléculas efectoras induzíveis. O interferão pode ser produzido por praticamente todas as células animais nucleadas e pode modificar processos bioquímicos muito básicos[113] . Estas citocinas são a primeira linha de defesa contra as infecções virais e têm papéis importantes na vigilância imunitária das células malignas[114] , efeitos imunomoduladores .[115]

Os interferões encontrados nos seres humanos são categorizados fundamentalmente em 3 categorias (Alfa, Beta e Gama). O IFN- α é sintetizado nos leucócitos infectados com o vírus, enquanto o IFN- β provém de fibroblastos infectados com o vírus. O IFNγ é promovido pela motivação de linfócitos sensibilizados por antigénio ou de linfócitos não sensibilizados por mitogénios. Os interferões alfa e beta são designados de tipo I e o interferão gama é designado de tipo II[116] .

Interferão- α

Em 1986, foi demonstrado pela primeira vez que o interferão-α (IFN-α) tinha efeitos benéficos em doentes com hepatite C crónica. [117]. As espécies de IFN-α foram aprovadas para o tratamento da hepatite B crónica e da hepatite C[118] . Participam principalmente na resposta imunitária inata contra o contágio viral. A eficácia antivírica do IFN-α pode envolver a supressão da replicação do virião do VHC e a produção de proteínas não actua imediatamente sobre o vírus ou o complexo de replicação[119] . Estão disponíveis comercialmente duas classes de medicamentos da família do interferão alfa, o peginterferão alfa-2a (40KD) e o peginterferão alfa-2b (12KD), que diferem em termos dos seus perfis farmacocinético, cinético viral e de tolerabilidade[120] .

Estrutura do interferão-α-2a

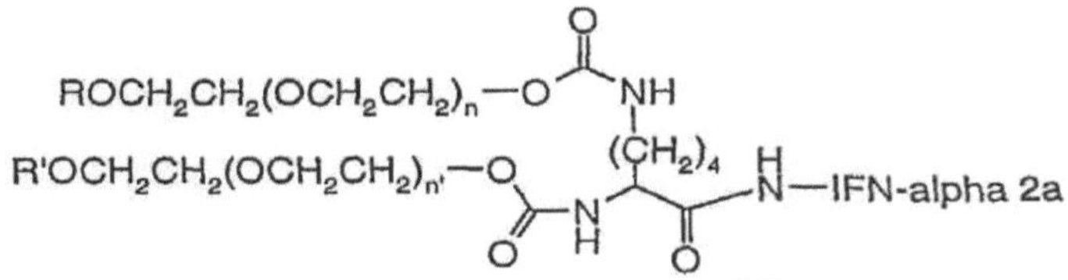

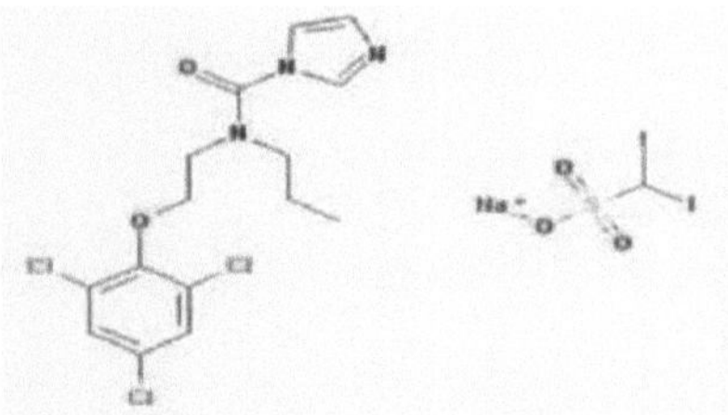

Figura 1.11: Estrutura molecular do Interferão Alfa-2a.[121] .

Estrutura do interferão-α-2b

O interferão alfa-2b tem uma fórmula molecular de C16H17Cl3I2N3NaO5S e um peso molecular de (746,545989) (Figura 1.12). Este interferão foi objeto de mais de 400 ensaios clínicos [122]

Figura 1.12: Estrutura molecular do interferão Alfa-2b. [122]

Modo de ação do IFN- α

Efeitos do interferão-α por estimulação dos genes estimulados pelo IFN (ISGs) 3 '[12-124 125] .O IFN-α circulante liga-se às subunidades do recetor de superfície celular do IFN, resultando na sua dimerização e na energização do recetor associado

Jak1 e Tyk2 (Figura 1.13)[126] . As cinases estimuladas fosforilam o transdutor de sinal e o ativador das proteínas de transcrição 1 e 2 (STAT1 e STAT2). O complexo STAT1/2 ativado é então translocado para o núcleo da célula, onde se junta ao fator 9 regulador do IFN (IRF-9) para criar um complexo que se junta aos elementos de resposta estimulados pelo IFN no ADN celular, resultando na expressão dos múltiplos ISGs.

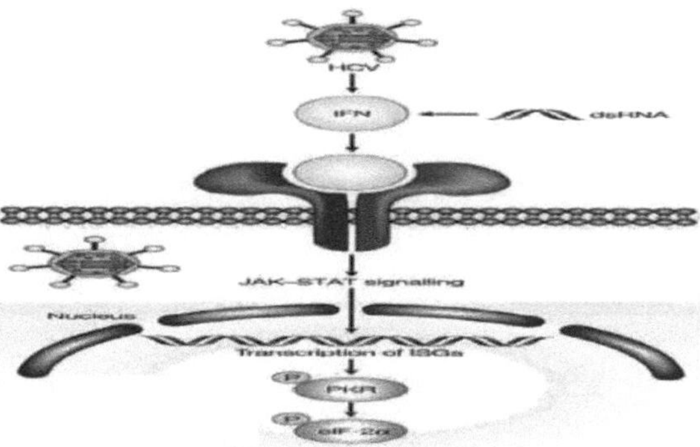

Figura 1.13: Atividade antivírica do IFN[127] Foi demonstrado que as proteínas NS5A e E2 do vírus da hepatite C (VHC) interagem com a proteína quinase PKR e inibem a sua função. A NS5A também visa diretamente a via de sinalização intracelular do interferão (IFN), interrompendo o diálogo entre as vias da proteína quinase activada por mitogénio (MAPK) e da JAK-STAT. dsRNA, ARN de cadeia dupla; eIF-2α, fator de iniciação eucariótico 2, subunidade α; ISGs, genes estimulados por IFN; JAK, Janus quinase; STAT, transdutor de sinal e ativador da transcrição.

CAPÍTULO 10

Ribavirina

Desde a sua descoberta na década de 1950, os análogos sintéticos dos nucleósidos tornaram-se rapidamente agentes clínicos indispensáveis no tratamento de cancros e infecções virais. Em 1970, uma pesquisa sistemática de moléculas antivirais e antitumorais pela ICN Pharmaceuticals, Inc., deu origem à ribavirina - um imitador de nucleósido com propriedades antivirais de largo espetro[128].

Estrutura da ribavirina

A ribavirina (Figura 1.14) (1-beta-D-ribofuranosil-1H-1, 2, 4 tiazol- 3-carboxamina) é um análogo de nucleósido de purina com uma base modificada e açúcar D-ribose.[129] . É um análogo sintetizado da guanosina, possui atividade contra vários vírus ARN e ADN[130].

Figura 1.14: Fórmula estrutural da ribavirina [131]

A ribavirina pode impedir fundamentalmente a produção viral. A influência agregada pode ser determinada por um parâmetro cinético viral que caracteriza a atividade terapêutica. No entanto, este parâmetro cinético viral foi avaliado diferenciando a cinética viral em pacientes com terapia combinada de Interferão-a mais Ribavirina e **terapia mono de Interferão-a**[132-133].

Modo de ação da Ribavirina

Intracelularmente, a ribavirina é transformada em ribavirina mono, di e trifosfato pelas cinases celulares. A ribavirina monofosfato é um inibidor competitivo da IMPDH. A IMPDH é uma enzima limitadora da taxa fundamental na via metabólica das purinas, estimulando a síntese de novo da guanosina, que é, na sua estrutura trifosforilada, necessária para a replicação do ARN viral e para a proliferação dos linfócitos. A supressão da IMPDH pelo monofosfato de ribavirina resulta num consumo do pool intracelular de GTP e pode, assim, suprimir a síntese de ARN, levando à inibição da replicação do ARN viral e à imunossupressão (Figura 1.15)[134-135] .

Ribavirina em monoterapia

A ribavirina é um antigo antivírico de largo espetro; a monoterapia com ribavirina não tem um efeito significativo na morbilidade ou mortalidade relacionadas com o fígado. [138 -139 -140 - 141]Por conseguinte, a ribavirina não pode ser recomendada como monoterapia na hepatite C crónica[137] , que é muito eficaz quando utilizada em combinação com interferão-alfa e também com uma parte do tratamento triplo, incluindo novos inibidores da serina protease não estrutural (NS) 3/4A do vírus da hepatite C (VHC) ou da RNA polimerase dependente de RNA (RdRp) do VHC NS5B, para o tratamento de doentes com hepatite C crónica.

Devido ao impedimento genético que pode ocorrer inicialmente através da monoterapia, é consensual que não é possível atingir escalas mais elevadas de erradicação sustentada do VHC sem uma espinha dorsal antivírica constituída por interferão-a e ribavirina[140-142] .

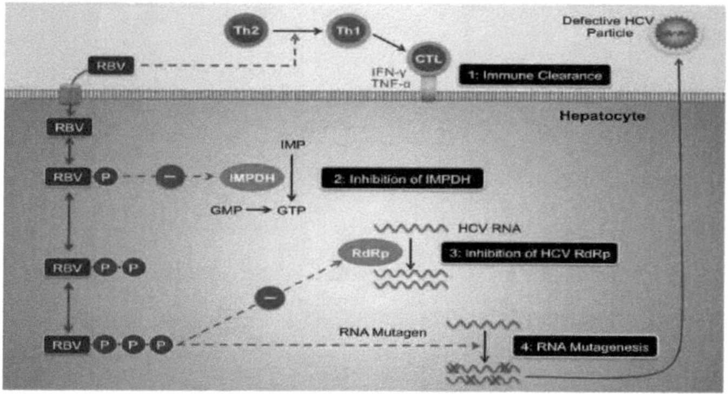

Figura 1.15: Mecanismos de ação da ribavirina[136] .Mecanismos de ação propostos para a ribavirina quando utilizada no tratamento da hepatite C crónica (modificados de acordo com (i) Melhoria da resposta imunitária antiviral adaptativa do hospedeiro. A ribavirina modula o equilíbrio das respostas T-helper 1 (Th1) e Th2, preservando e/ou reforçando a produção de citocinas Th1 e inibindo a produção de citocinas Th2. (ii) Inibição da inosina monofosfato desidrogenase (IMPDH) do hospedeiro. A ribavirina intracelular é convertida pelas cinases celulares em ribavirina monofosfato (RMP), ribavirina difosfato (RDP) e ribavirina trifosfato (RTP). A RMP é um inibidor competitivo da IMPDH, o que leva à depleção da reserva intracelular de GTP necessária para a síntese do ARN viral. (iii) Inibição direta da RdRp NS5B do vírus da hepatite C (VHC). A forma fosforilada da ribavirina, o trifosfato de ribavirina, liga-se ao local de ligação dos nucleótidos das polimerases, inibindo assim competitivamente a replicação viral. Além disso, a ribavirina é utilizada e incorporada pelas

RNA polimerases virais, incluindo a RdRp do VHC, em oposição à citosina ou à uridina, o que pode resultar num bloqueio significativo do alongamento do RNA. (iv) Catástrofe de erros e mutagénese do vírus ARN. A ribavirina actua como mutagénico do vírus ARN, conduzindo assim a um aumento da frequência mutacional que ultrapassa o limiar mutacional da aptidão viral e conduz os vírus ARN à mutagénese letal. (v) A ribavirina modifica a expressão hepática de ISG e regula negativamente as vias inibidoras do interferão. CTL = linfócito T citotóxico; TNF-α = fator de necrose tumoral-a; e ISG = genes estimulados por interferão.

Ribavirina em combinação com interferão-a peguilado

O interferão alfa-2b em associação com a ribavirina (Figura 1.16) tem-se revelado altamente funcional, conseguindo uma eliminação viral sustentada em cerca de 40% dos doentes[143-144] O peginterferão alfa-2b, uma formulação peguilada do interferão alfa-2b, foi desenvolvido para reduzir a rápida eliminação do interferão alfa-2b. A infeção viral da hepatite C é um cenário ideal para a utilização do peginterferão alfa-2b, uma vez que a manutenção de uma pressão antivírica constante sobre o vírus da hepatite C é crucial durante a terapêutica, devido à curta meia-vida do virião (2,7 horas) e à taxa estimada de produção e eliminação de10^{12} viriões/dia[145] .

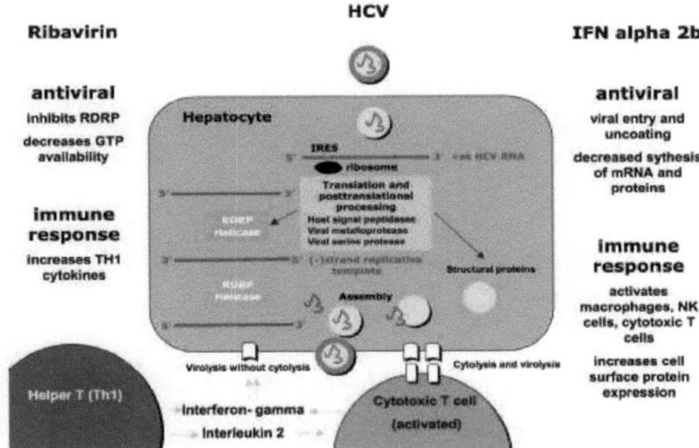

Figura 1.16:[147] Ciclo de vida do vírus da hepatite C no hepatócito e mecanismo de ação do interferão alfa-2b e da ribavirina. VHC = vírus da hepatite C, IRES = sítio de entrada ribossómica interna, RDRP = ARN polimerase dependente do ARN, + ss ARN VHC = ARN VHC de cadeia simples com sentidos positivos, células NK = células assassinas naturais.

CAPÍTULO 11

Efeito secundário do tratamento com Peg-IFN-a e Ribavirina

O tratamento com Peg-IFN-α e ribavirina tem sido amplamente utilizado para o tratamento do VHC. No entanto, este regime de tratamento provoca frequentemente efeitos adversos que estão geralmente associados a uma redução da qualidade de vida e, em alguns doentes, levam à redução da dose do tratamento ou à sua interrupção. Figura (1.17)

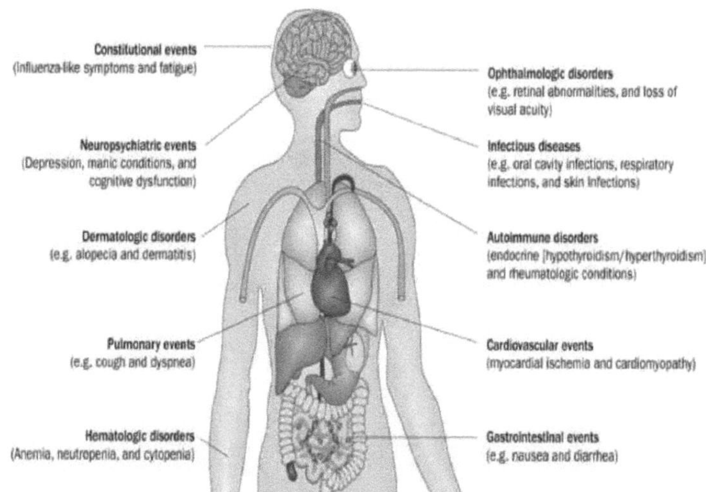

Figura 1.17: Uma visão geral dos principais sistemas de órgãos afectados e dos potenciais acontecimentos adversos associados ao tratamento com Peg-IFN-α e Ribavirina para a infeção pelo VHC'*-[147] .

Os efeitos secundários comuns associados a este medicamento são bem conhecidos. Estes incluem sintomas semelhantes aos da gripe, como febre ligeira e arrepios, fadiga, mialgia, náuseas, perda de apetite e sintomas psiquiátricos, como depressão, ideação suicida, irritabilidade, nervosismo e insónia. Os efeitos secundários menos frequentes são a supressão hematopoiética, a queda de cabelo reversível, a perda de audição, a dermatite, as convulsões, o desenvolvimento ou a exacerbação de doenças auto-imunes como a disfunção da tiroide, a artrite reumatoide, a arterite, a crioglobulinemia, a sarcoidose, o lúpus eritematoso sistémico, o vitiligo, a diabetes e a miastenia gravis[148 - 149 - 150] .

O início dos sintomas é observado ~4-6 h após a injeção de IFN e pode persistir durante vários dias (Figura 1.18). Estas manifestações da terapêutica são frequentemente autolimitadas, com a taquifilaxia a ocorrer após as primeiras duas a três injecções.

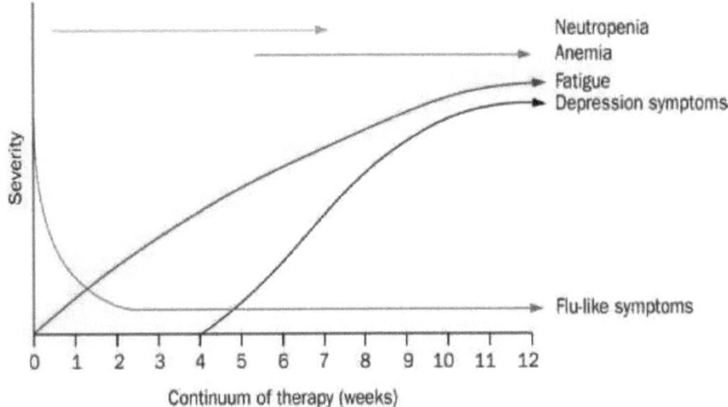

Figura: 1.18 Curso temporal do início e alterações na gravidade relativa de vários eventos adversos comuns relacionados com o tratamento com Peg-IFN-α e ribavirina. [147]

Hematológico

A anemia é uma complicação frequente da terapêutica com IFN-ribavirina para a infeção crónica pelo vírus da hepatite C (VHC), resultante da hemólise extravascular induzida pela ribavirina e da supressão da medula óssea induzida pelo Peg-IFN. Sabe-se também que a terapêutica à base de IFN induz anemia aplástica[151-152 153]. Pode ocorrer anemia em doentes que recebem tratamento antivírico para o VHC em resultado de uma reticulocitose compensatória diminuída devido à supressão da medula óssea induzida por IFN e à hemólise ribavirina dependente da dose. Medicamentos concomitantes, comorbilidades, co-infecções, deficiências nutricionais e abuso de substâncias podem agravar ainda mais o problema. [154-155]Além disso, um estudo de associação do genoma revelou que as variantes genéticas que conduzem à deficiência de inosina trifosfatase (ITPase) protegem contra a anemia hemolítica em doentes infectados pelo VHC que recebem ribavirina. Assim, o teste de polimorfismos no gene da ITPase poderá, num futuro próximo, surgir como uma ferramenta para melhorar os cuidados prestados aos doentes com hepatite C. Em doentes nos quais o desenvolvimento de anemia hemolítica representaria um risco inaceitável (ou seja, doentes com doença coronária), a genotipagem ITPA poderia identificar aqueles que não deveriam receber Ribavirina,[156, 157, 158].

A anemia induzida pela ribavirina durante a terapêutica do VHC está relacionada com factores genéticos, pelo que a implicação dos genótipos do polimorfismo de nucleótido único (SNP) da inosina trifosfato pirofosfatase (ITPA) na previsão da incidência de anemia em doentes egípcios com VHC durante a terapêutica combinada. O genótipo mutante deste polimorfismo tem um papel crucial na proteção contra a anemia induzida pelo tratamento e na redução da dose de Ribavirina (RBV) em doentes egípcios com VHC[159].

A anemia induzida pela ribavirina pode estar relacionada com uma atividade reforçada dos VDR (receptores da vitamina D) e, consequentemente, com um aumento do influxo de cálcio, resultando na desregulação da sinalização dependente de Ca^{2+}, o que pode levar à hemólise dos eritrócitos. Este mecanismo rápido pode ser responsável pelo desenvolvimento de anemia precoce[160].

A trombocitopenia é uma das potenciais anomalias hematológicas associadas à terapêutica à base de peg-IFN-α[148,154]. A trombocitopenia foi causada pelo Peg-IFN devido à inibição dos megacariócitos, reação autoimune, inibição da produção de plaquetas ou sequestro de plaquetas como os mecanismos responsáveis pela trombocitopenia[161] qualquer trombocitopenia tem uma prevalência de 76%, enquanto 13% dos doentes atingem o limiar "biópsia hepática ou terapia com interferão (IFN)"[162]. Dentre os eventos adversos mais comuns relacionados ao uso do IFN, destacam-se as alterações hematológicas (neutropenia, trombocitopenia e anemia). [163] A trombocitopenia, a anemia e a leucopenia também podem ser efeitos secundários significativos durante a terapêutica da hepatite C, que envolve peginterferão-a e ribavirina, que era o padrão de tratamento da hepatite C até muito recentemente[164-165].

Cardiovascular: Acontecimentos adversos devidos a anemia induzida por Peg-IFN e Ribavirina, que provocam isquemia do miocárdio em doentes com doença arterial coronária (DAC) pré-existente[166].

Dermatológicos: Os acontecimentos adversos resultantes do tratamento com Interferão-alfa/Ribavirina no CHC contribuem para um amplo espetro que envolve a alopecia, a dermatite, o prurido, a pele seca e a reação no local da injeção[167-168]. Estes acontecimentos adversos dermatológicos estão correlacionados com a idade mais avançada, doenças cutâneas anteriores, cirrose e utilização de formulações de interferão peguilado[167].

Pulmonares: Os acontecimentos adversos que detectam tosse e/ou dispneia ocorrem em ~20% dos doentes que tomam Peg-IFN e Ribavirina[168] . A bronquite infecciosa e a pneumonia são complicações pulmonares relativamente comuns da terapêutica com Peg-IFN e Ribavirina e devem ser consideradas em doentes com febre e tosse[170] .

Embora os mecanismos para estas condições não tenham sido elucidados, acredita-se que a tosse é principalmente um efeito adverso da Ribavirina, enquanto a dispneia é frequentemente o resultado de múltiplos factores, incluindo anemia, hipotiroidismo ou uma consequência específica relacionada com uma doença cardíaca ou pulmonar[144] . Estudos relatados por[171] sugerem que o tratamento da infeção pelo VHC pode estar associado a um declínio reversível da transferência de gases (medido pela capacidade de difusão do pulmão para o teste do monóxido de carbono) e este facto pode ser responsável por alguns sintomas pulmonares.

Neuropsiquiátricos: O tratamento com Peg-IFN induz uma variedade de efeitos adversos neuropsiquiátricos através de mecanismos neurobiológicos, incluindo uma síndrome depressiva que se pode desenvolver ao longo de semanas a meses (Figura 1.17), estados maníacos e disfunção cognitiva aguda ou crónica[172-173] . Foi notificada uma depressão ligeira em indivíduos com hepatite C crónica tratados com interferão alfa em combinação com ribavirina[174] .

Oftalmológico: O Peg-IFN raramente causa anomalias visuais sintomáticas ou perturbações oculares graves; no entanto, foram notificados casos de cegueira em doentes que receberam esta terapêutica. [175] Por outro lado, podem ser observadas anomalias subclínicas da retina em cerca de 30% dos doentes sob este tratamento, que são reversíveis com a descontinuação do Peg-IFN[176 -177] .

Autoimune: A complicação autoimune mais comum do tratamento à base de IFN é o hipotiroidismo (1[78, 179] . A incidência de hipotiroidismo é de ~3-4% em doentes sob terapêutica à base de IFN e é mais frequente nas mulheres do que nos homens e nos doentes com antecedentes familiares de doença da tiroide. A própria infeção pelo VHC pode representar um fator de risco para o desenvolvimento de doenças auto-imunes em indivíduos que recebem IFN. [180]. As terapêuticas à base de IFN podem precipitar a tiroidite, tanto por mecanismos imunomoduladores (por exemplo, tiroidite de Hashimoto) como por efeitos tireotóxicos directos (por exemplo, tiroidite destrutiva)[181] . A combinação do interferão peguilado (PEG-IFN) com a ribavirina foi associada a vários efeitos adversos, incluindo disfunção da tiroide, tendo sido encontrada uma forma de hipotiroidismo. Em geral, o hipotiroidismo era superior ao hipertiroidismo em várias vezes. O perfil da tiroide não estava significativamente relacionado com a carga viral[182-183] .

Raramente, a terapêutica à base de IFN pode precipitar doenças reumatológicas subjacentes mediadas por autoimunidade, como a artrite reumatoide e o lúpus eritematoso sistémico (LES); embora os dados sejam escassos, a incidência de tais doenças em doentes sob terapêutica à base de IFN é inferior a 1%.[184, 185] . O espetro típico de efeitos adversos gastrointestinais que afectam os doentes inclui náuseas (30-40%), anorexia com ou sem perda de peso (20-30%), diarreia (15-25%), vómitos (10-15%), dor abdominal (10-15%), dispepsia (5-10%) e obstipação (5%).[149].

CAPÍTULO 12

Medicamento antiviral de ação direta

Foram desenvolvidos fármacos antivíricos de ação direta (DAA) para combater as proteínas virais não estruturais envolvidas na replicação viral. Estes incluem o Telaprevir, o Boceprevir, o Simprevi, o Faldaprevir e o Asunaprevier, que são inibidores da NS3- 4A. O daclatasivr e o ledispavir são inibidores da NS5A.

No entanto, o Sofosbuvir é um inibidor nucleósido da NS5B (NPI) e o Dasbaviour é um inibidor não nucleósido da NS5B (NNPI) (Figura 1.19).

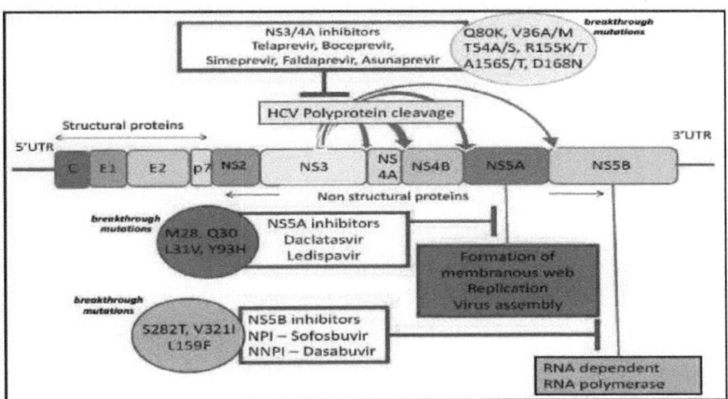

Figura 1.19[186] , Diagrama de fármacos antivirais de ação direta O genoma do VHC codifica uma única estrutura de leitura aberta, ladeada por regiões não traduzidas (UTR) 5' e 3'. A clivagem desta poliproteína pelas endopeptidases do hospedeiro (para as proteínas estruturais) e pela proteína viral não-estrutural NS3/4A resulta na produção das proteínas estruturais do núcleo (C), das proteínas do envelope 1 e 2 (E1, E2) e das proteínas não-estruturais p7, NS2, NS3, NS4A, NS4B, NS4A e NS5B. A função enzimática das proteínas não-estruturais tem sido a base dos AAD (assinalados a vermelho). Estas podem ser ultrapassadas por mutações de rutura comuns (assinaladas com um círculo e destacadas).

CAPÍTULO 13

Sofosbuvir

Em dezembro de 2013, a FDA aprovou um novo agente antivírico para o VHC, chamado Sofosbuvir, que foi batizado pelos seus criadores na Pharmasset e na Gilead. O Sofosbuvir é o primeiro NPI NS5B a ficar disponível.

A NS5B é uma RNA polimerase dependente de RNA que está envolvida no processamento do genoma de RNA viral para criar um modelo de cadeia negativa e, subsequentemente, na transcrição de cópias filhas do genoma[187] . A enzima está estruturalmente organizada num "motivo da mão direita" caraterístico que contém domínios da palma e do polegar. Tem dois sítios: um sítio catalítico para a ligação de nucleósidos e quatro outros sítios responsáveis pela alteração alostérica onde se podem ligar compostos não nucleósidos. Por conseguinte, existem duas classes de inibidores da polimerase: os análogos de nucleósidos, também designados inibidores da polimerase nucleósida (NPI), e os análogos não nucleósidos, também designados inibidores da polimerase não nucleósida (NNPI). A estrutura da ARN polimerase dependente do ARN é altamente conservada em todos os genótipos do VHC, o que torna estes agentes eficazes contra todos os seis genótipos do VHC[188] . Os NPI são activados nos hepatócitos através da fosforilação em nucleósido trifosfato, que compete com os substratos nucleotídicos que são incorporados na cadeia de ARN nascente, resultando na terminação da cadeia durante a replicação do ARN do genoma viral[189] . A vantagem destes agentes é uma barreira muito elevada de resistência genética viral. O local ativo (catalítico) do NS5B é relativamente intolerante a substituições de aminoácidos. Por conseguinte, as mutações do sítio ativo que conferem resistência ao NPI também são susceptíveis de prejudicar a atividade da polimerase do ARN, em comparação com as mutações nos sítios de ligação alostérica do NNPI, tornando assim o vírus mutante menos apto em comparação com o vírus de tipo selvagem, ao prejudicar gravemente a replicação viral.

Estrutura do Sofosbuvir

O sofosbuvir é um análogo de nucleótido de pirimidina (Figura 1.20). O sofosbuvir demonstrou atividade antivírica pangenotípica contra os genótipos 1-6 do VHC[190] . Foi observada uma taxa rápida de declínio viral com o Sofosbuvir[191-192]. Este inibe a polimerase do ARN dependente do ARN NS5B do VHC, que é essencial para a replicação viral (Sovaldi) está aprovado nos EUA[193] e na UE[149] para o tratamento da hepatite C crónica.

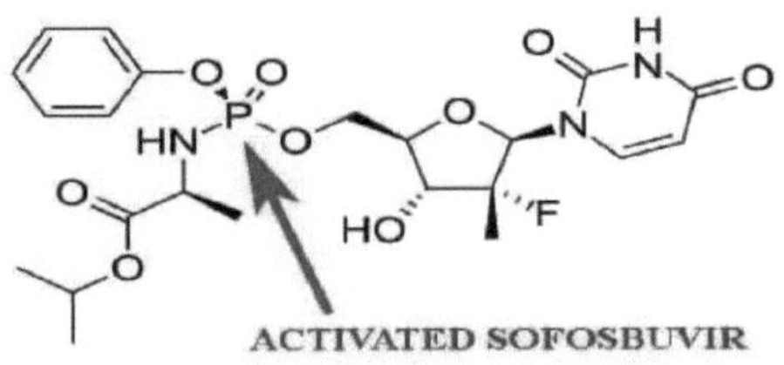

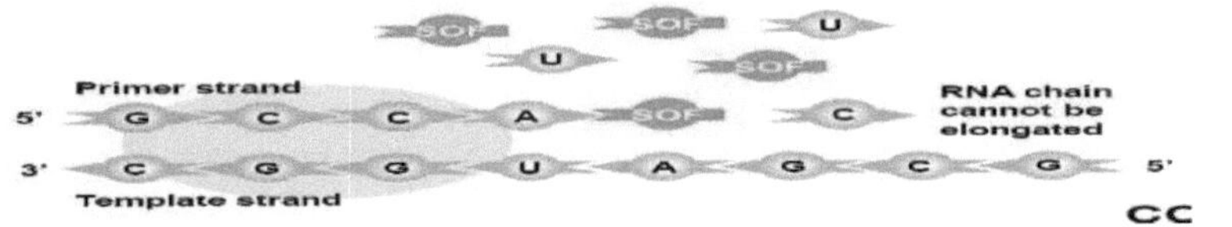

Figura 1.20: Estrutura do Sofosbuvir[195].

Modo de ação do Sofosbuvir

O trifosfato ativo, GS461203, compete com o trifosfato de uridina endógeno pela incorporação na cadeia crescente de ácido ribonucleico do VHC pela enzima polimerase da proteína não estrutural 5B (NS5B) e actua como um terminador de cadeia (Figura 1).21). O local ativo da NS5B está bem conservado nos genótipos do VHC, o que explica a eficácia pangenotípica do Sofosbuvir[196]. O Sofosbuvir tem uma elevada barreira genética à resistência[197]. Os níveis de ARN do VHC diminuíram de forma bifásica[192].

Figura 1.21: Os inibidores da polimerase análogos de nucleótidos são terminadores de cadeia.[198]

Metabolismo do Sofosbuvir

O Sofosbuvir é um pró-fármaco, substrato da glicoproteína-P (P-gp), que sofre metabolismo intracelular no hepatócito humano (Figura 1.22) para uma forma farmacologicamente ativa de trifosfato de uridina (GS-461203)[199]. A porção fosforamidato do Sofosbuvir é metabolizada a um grupo fosfato in vivo através de uma série de reacções químicas e enzimáticas[200]. O metabolismo de primeira passagem pelas enzimas hepáticas hidrolisa o éster isopropílico terminal para um ácido carboxílico livre (composto 2). Segue-se uma reação espontânea em que o grupo 30-hidroxilo desloca a porção fenol, formando um intermediário fosforamidato cíclico 3, que é depois hidrolisado para uma forma de cadeia

37

aberta 4 em condições fisiológicas. Finalmente, a afoshoramidase ou a proteína 1 de ligação a nucleótidos da tríade de histidina cliva o aminoácido para revelar um grupo fosfato (produto 5). Nomeadamente, a estereoquímica absoluta do fósforo tem um impacto significativo na potência e nas propriedades farmacocinéticas do fármaco. Uma vez 50-trifosforilada, a forma biologicamente ativa do Sofosbuvir actua como um terminador de cadeia não obrigatório durante a síntese do ARN pelo NS5B RdRp. De acordo com as expectativas, o Sofosbuvir provou ter uma elevada eficácia clínica contra os seis genótipos do VHC numa variedade de populações de doentes[201].

O replicão do VHC que exprime a mutação de resistência S282T (é uma mutação num gene do vírus que permite que este se torne resistente ao tratamento com um determinado medicamento antivírico) apresentou um baixo nível de resistência a Sofosbuvir, mas manteve a suscetibilidade à Ribavirina e a outras classes de antivíricos de ação direta, incluindo os inibidores da NS5A[202]. A desfosforilação resulta na formação de GS-331007, que não mostrou atividade anti-HCV in vitro. A depuração renal é a principal via de eliminação do GS-331007 (193 -194).

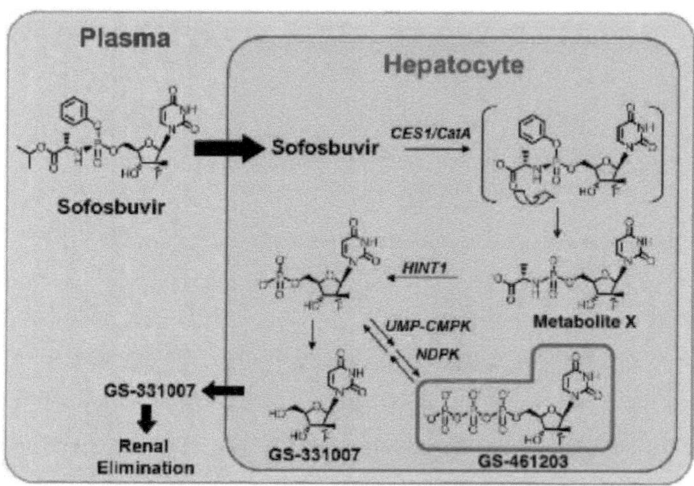

Figura 1.22: Metabolismo do Sofosbuvir [203].

Segurança do Sofosbuvir

O Sofosbuvir oral foi geralmente muito bem tolerado e capaz de ultrapassar as limitações de segurança dos regimes anteriores. Os doentes que anteriormente estavam excluídos do tratamento devido a contra-indicações do interferão podem agora receber tratamento antivírico. A segurança e a eficácia do Sofosbuvir não foram estabelecidas em doentes com cirrose descompensada[194] A idade, o sexo, o índice de massa corporal e a raça não alteraram significativamente a farmacocinética do Sofosbuvir ou do GS- 331007[204] . De acordo com os estudos de fase II e fase III, o perfil de segurança do Sofosbuvir, quer em combinação com P/R (Peg-interferão/Ribavirina), quer em combinação com Ribavirina isolada num regime totalmente oral, demonstrou ser excelente. A dose recomendada de Sofosbuvir é de 400 mg uma vez por dia [193 and 194].

A informação de prescrição dos EUA indica que o Sofosbuvir deve ser tomado com ou sem alimentos[193] e a UE indica que deve ser tomado com alimentos[194] . O Sofosbuvir é administrado uma vez por dia durante um período fixo, em vez de a duração do tratamento ser orientada pela resposta à terapêutica[205] . O sofosbuvir foi especificamente concebido para ter como alvo a polimerase NS5B na maquinaria de replicação do VHC. Em combinação com RBV e outros agentes antivíricos, foi alcançada uma resposta virológica sustentada de até 100% para os genótipos 1-4 do VHC em períodos de tratamento mais curtos e numa variedade de populações de doentes[206] . Até 2011, o tratamento padrão para as infecções por VHC tem sido uma combinação de ribavirina e interferão-a peguilado, que funciona principalmente através da estimulação da resposta imunitária do próprio doente contra o vírus.

Embora o tratamento possa alcançar uma resposta virológica sustentada, a taxa de sucesso de 40-75% é bastante baixa e depende tanto do genótipo viral como do polimorfismo genético do doente[207] . A proteína não-estrutural NS5B do VHC foi identificada como um bom alvo molecular para inibição. Esta proteína de 66 kDa é uma RNA polimerase dependente de RNA (RdRp), uma enzima viral essencial e única responsável pela transcrição de RNA de cadeia complementar a partir de um molde de RNA[208] . O local ativo da NS5B é altamente conservado em todos os genótipos do VHC, oferecendo a possibilidade de tratamentos pan-genotípicos e garantindo uma elevada barreira à resistência aos medicamentos, uma vez que quaisquer mutações de aminoácidos nesta região são susceptíveis de comprometer a capacidade de replicação do vírus[209] .

CAPÍTULO 14

Combinações de Sofosbuvir com outro tratamento antivírico

O Sofosbuvir mais Ribavirina, os inibidores da protease de segunda geração e outros antivíricos oferecem agora a possibilidade de tratamentos orais altamente eficazes. Os regimes sem interferão são também viáveis em muitos casos, eliminando os efeitos secundários graves associados a este agente. A dose recomendada de Sofosbuvir é de um comprimido de 400 mg, tomado por via oral, uma vez por dia, com alimentos, em combinação com outros medicamentos[210]. O Sofosbuvir representa um importante avanço terapêutico e marca uma nova era de regimes totalmente orais para a infeção pelo VHC.

A revolução do Sofosbuvir começou nos doentes dos genótipos 2 e 3[211]. O Sofosbuvir mais peg interferon e ribavirina atinge taxas de RVS comparáveis ou superiores às registadas na Fase I. Foram atingidas taxas de resposta elevadas nos genótipos 4, 5 e 6.

Os estudos de fase II e III avaliaram o Sofosbuvir em combinação com Ribavirina com ou sem interferão Peg. Os resultados dos estudos de fase II demonstraram que o Sofosbuvir, uma vez por dia, é capaz de suprimir o ARN do VHC nos genótipos 1, 2, 3, 4, 5 e 6 na dose de 400 mg e que os genótipos 2 e 3 podem ser eficazmente tratados com Sofosbuvir e ribavirina com ou sem interferão de Peg. Além disso, mostraram que, para os genótipos 1, 4 e 6 do VHC, a adição de interferão Peg ao Sofosbuvir e à Ribavirina aumenta a taxa de resposta e permite reduzir a duração da terapêutica para 12 semanas.

O TLR7 mostrou um aumento dramático da sua expressão em doentes sem tratamento com grau de fibrose F0-F1, em comparação com indivíduos saudáveis, e depois uma diminuição tremenda da sua expressão em doentes F2-F4, em comparação com indivíduos saudáveis ou doentes F0-F1. Os níveis elevados de TLR7 na fase inicial da fibrose são prova da implicação do TLR7 na resposta imunitária contra a infeção pelo VHC, ao passo que a inversão do padrão de expressão em doentes com fibrose avançada sugere um papel protetor do TLR7 contra a fibrose hepática. A regulação negativa do TLR7 na fase tardia da fibrose é provavelmente uma consequência da estratégia de evasão imunitária utilizada pelo vírus, que pode explicar o seu sucesso no estabelecimento de uma infeção crónica que termina em cirrose[212].

As modalidades de tratamento de doentes egípcios infectados com HCV (genótipo 4) com Sofosbuvir mais ribavirina ou Sofosbuvir mais ribavirina mais Interferão peguilado, não apresentaram viremia imediatamente após o fim dos períodos de tratamento. A terapêutica dupla e tripla produziu uma redução mais pronunciada da contagem total de leucócitos, bem como dos números absolutos de todos os tipos de leucócitos, com exceção dos neutrófilos. Verificou-se que muitos dos medicamentos antivíricos actuais, como a ribavirina e o interferão alfa, são conhecidos por causarem citopenias[213] .

Referências

1- **Vanwaess L e Lieber CS (1977).** Esclerose perivenular precoce em AlcholicFatty: um índice de lesão hepática progressiva. Gastroenterology;73:646-650.

2- **Eugene RS, Michael F, Sorrell, e Willis C. (1999).** Maddrey, Schiff"sdiseases of the Liver 1999.

3- **Seeff LB, Buskell-Bales Z, Wright EC, Durako SJ, Alter HJ, Iber FL** et al. **(1992). Long-term** mortality after transfusion- associated non-A, non-B hepatitis. New *Engl JN Med;327:1906- 1911.*

4- **Cooke GS, Lemoine M, Thursz M, Gore C, Swan T, Kamarulzaman A, DuCros P e Ford N.(2013).** Viral hepatitis and the Global Burden of Disease: a need to regroup. *J Viral Hepat. ;20:600-601.*

5- **Thrift AP, El-Serag HB e Kanwal F.(2017).** Epidemiologia global e carga de infeção por HCV e doenças relacionadas ao HCV. Nat Rev Gastroenterol *Hepatol. ;14(2):122-132.*

6- **Aidafoundation.com: (http://aidafoundation.com/hepatitis-c-info/)**

7- **Lozano R, Naghavi M, Foreman K, Lim S, Shibuya K, Aboyans V, Abraham J, Adair T, Aggarwal R e Ahn SY.(2012).** Mortalidade global e regional por 235 causas de morte para 20 grupos etários em 1990 e 2010: uma análise sistemática para o Estudo da Carga Global de Doença. *Lancet.380: 2095-2128.*

8- **Hatzakis A, Chulanov V, Gadano AC, Bergin C, Ben-Ari Z, Mossong J, Schreter I, Baatarkhuu O, Acharya S e Aho I.(2015).** O peso atual e futuro da doença das infecções pelo vírus da hepatite C (VHC) com o paradigma de tratamento atual - volume 2. *J Viral Hepat. ;22 (1):26-45.*

9- **Mohd Hanafiah K, Groeger J, Flaxman AD e Wiersma ST.(2014).** Global epidemiology of hepatitis C virus infection: new estimates of age-specific antibody to HCV seroprevalence. *Hepatologia; 57:1333-1342.*

10-**Hope VD, Eramova I, Capurro D e Donoghoe MC.(2014).** Prevalência e estimativa das infecções por hepatite B e C na Região Europeia da OMS: uma revisão dos dados centrada nos países fora da União Europeia e da Associação Europeia de Comércio

Livre. Epidemiol Infect.142:270-286.

11-   **Lavanchy D. (2011).** Evolução da epidemiologia do vírus da hepatite C. *Clin Microbiol Infect. 17:107-115.*

12-   **Anwar W, Khaled H, Amra H, El-Nezami H e Loffredo CA.(2008).** Alteração do padrão do carcinoma hepatocelular (CHC) e dos seus factores de risco no Egipto: Possibilidades de prevenção. *Mutat Res ; 659:176-84.*

13-   **El-Serag H. (2011).** Hepatocellular carcinoma. *N Engl. J Med. 365:1118-27.*

14-   **Petruzziello A, Marigliano S, Loquercio G, Cozzolino A e Cacciapuoti C. (2016).** Epidemiologia global da infeção pelo vírus da hepatite C: Uma atualização da distribuição e circulação dos genótipos do vírus da hepatite C. *World J Gastroenterol; 22(34):7824- 40.*

15-   **Bruggmann P, Berg T, Ovrehus AL, Moreno C, Brandao Mello CE, Roudot-Thoraval F,** et al.**(2014).** Epidemiologia histórica do vírus da hepatite C (HCV) em países seleccionados. *J Viral Hepat. 21(1):5-33.*

16-   **Strickland GT. (2006).** Doença hepática no Egipto: a hepatite C ultrapassou a esquistossomose em resultado de factores iatrogénicos e biológicos. *Hepatologia; 43:915-922.*

17- **Guerra J, Garenne M, Mohamed MK e Fontante A. (2012).** Peso da infeção pelo VHC no Egipto: resultados de um inquérito a nível nacional. *J Viral Hepat;19:560-567*

18- **Mohamoud YA, Mumtaz GR, Riome S, Miller D e Abu-Raddad LJ. (2013).** A epidemiologia do vírus da hepatite C no Egipto: uma revisão sistemática e síntese de dados. *BMC Infect Dis ;13:288*

19-   **Martin NK, Hickman M, Hutchinson SJ e Goldberg DJ, Vickerman P. (2013).** Intervenções combinadas para prevenir a transmissão do HCV entre pessoas que injetam drogas: modelando o impacto do tratamento antiviral, programas de agulhas e seringas e terapia de substituição de opiáceos. *Clin Infect Dis. 57(2):S39-S45.*

20- **Wedemeyer H, Duberg AS, Buti M, Rosenberg WM, Frankova S, Esmat G, Ormeci N, Van Vlierberghe H, Gschwantler M e AkarcaU. (2014).**Estratégias para gerir o peso da doença do vírus da hepatite C (VHC). *J Viral Hepat. 21 (1):60-89.*

21-**Jordan AE, Jarlais DD e Hagan H. (2014).** Uso indevido de opióides prescritos e sua relação com o uso de drogas injetáveis e infeção pelo vírus da hepatite C: protocolo para uma revisão sistemática e meta-análise. Syst Rev. ;3(1):95

22-**Thursz M e Fontanet A. (2014).** Transmissão do HCV em países industrializados e áreas com recursos limitados. Nat Rev *Gastroenterol Hepatol. 11(1):28-35.*

23-**Alter HJ, Jett BW, Polito AJ,** et al. **(1991).** Análise do papel do vírus da hepatite C na hepatite associada à transfusão. Em Hollinger FB, Lemon SM, Margolis HS, eds. Viral Hepatitis and Liver Disease, Baltimore, MD: Williams and Wilkins, *396-402*

24-**Shepared Cw, Finelli L e Alter Mj. (2005).** Global epidemiology of hepatitis C virus infection (Epidemiologia global da infeção pelo vírus da hepatite C). *Lancet infect. Dis. 5(9):558-567.*

25-**Tovo PA, Lazier L e Versace A. (2005).** Infecções pelo vírus da hepatite B e pelo vírus da hepatite C em crianças. *Curr Opin Infect Dis. 18:261-266.*

26-**Cottrell EB, Chou R, Wasson N, Rahman B e Guise JM. (2013).** Reduzindo o risco de transmissão do vírus da hepatite C de mãe para filho: uma revisão sistemática para a Força-Tarefa de Serviços Preventivos dos EUA. *Ann Intern Med. 158:109-113.*

27- **http://www.esciencecentral.org**

28-**Aach RD, Stevens CE, Hollinger FB et** *al.* **(1991).** Infeção pelo vírus da hepatite C na hepatite pós-transfusional. Uma análise com ensaios de primeira e segunda geração. *N Engl J Med; 325:1325-9.*

29-**Koretz RL, Brezina M, Polito AJ** et al. **(1993).** Hepatite de fusão pós-trans não-A, não-B: comparação entre hepatite C e não-C. *Hepatology ;17:361-5.*

30-**Marranconi F, Mecenero V, Pellizzer GP** et al. **(1992).** Infeção por HCV após ferimento acidental com agulha em profissionais de saúde [Carta]. *Infeção; 20:111.*

31-**Alter MJ. (1997).** The epidemiology of acute and chronic hepatitis C. *Clin Liver Dis. 1(3):559-68.*

32-**Alexander J, Alter MJ, Margolis HS** et al. **(1992).** The natural history of community-acquired hepatitis C in the United States (A história natural da hepatite C adquirida na comunidade nos Estados Unidos). *New Engl. J. Med. 327: 1899-1905.*

33-**Chung RT. (2005).** Infeção aguda pelo vírus da hepatite C. *Clin Infect Dis. 1;41 (1) : S14-7*

34- **Liang TJ, Jeffers L, Reddy RK** et al.**(1993).** Hepatite viral fulminante ou subfulminante não-A, não-B: o papel dos vírus da hepatite C e E. Gastroenterology; 104:556-62.

35- **Wright TL. (1993).** Etiologia da insuficiência hepática fulminante: há outro vírus envolvido? Gastroenterologia; 104:640-3.

36- **Seeff LB, Buskell-Bales Z, Wright EC, Durako SJ, Alter HJ, Iber FL** et al.**(1992).** Long-term mortality after transfusion- associated non-A, non-B hepatitis. New *Engl JN Med; 327:19061911.*

37- **Pradat P, Alberti A, Poynard T, Esteban J, Weiland O, Marcellin P, Badalamenti S, e Trepo C.(2002).** Valor preditivo dos níveis de ALT para achados histológicos na hepatite C crónica: A European collaborative study. *Hepatologia; 36: 973_977.*

38- **Merican I, Guan R, Amarapuka D, Alexander MJ, Chutaputti A, Chien RN, Hasnian SS, Leung N, Lesmana L, Phiet PH, Noer HMS, Sollano J, Sun HS, Xu DZ.(2000).** Infeção crónica pelo vírus da hepatite B nos países asiáticos. *J. Gastroenterol. Hepatol. 15: 13561361.*

39- **Degos** F, **Christidis C, Ganne-Carrie N, Farmachidi JP, Degott C, Guettier**

C, Trinchet JC, Beaugrand M e Chevret S.(2000). Hepatitis C virus related cirrhosis: time to occurrence of hepatocellular carcinoma and death. *Gut. Jul; 47(1):131-6.*

40- **Chen SL. e Morgan T R (2006)**. A História Natural da Infeção pelo Vírus da Hepatite C (VHC). *Int J Med Sci; 3(2): 47-52.*

41- **Ray SC, Arthur RR, Carella A, Bukh J e Thomas DL. (2000)**. Genetic epidemiology of hepatitis C virus throughout Egypt (Epidemiologia genética do vírus da hepatite C no Egipto). *J Infect Dis; 182:698-707.*

42- **Moradpour D, Penin F e Rice CM.(2007)**. Replicação do vírus da hepatite C. *Nat Rev Microbi; 5:453-463.*

43- **Choo QL, Richman KH, Han JH**, et al.(1991). Organização genética e diversidade do vírus da hepatite C. *Proc Natl Acad Sci USA ;88:2451-2455.*

44- **Penin F, Dubuisson J, Rey FA, Moradpour D e Pawlotsky JM.(2004)**. Biologia estrutural do vírus da hepatite C. *Hepatology; 39:5-19.*

45- **Grakoui A, McCourt DW, Wychowski C** et al. **(1993)**. Uma segunda proteinase codificada pelo vírus da hepatite C. *Proc NatlAcadSci USA ;90:10583-10587*

46-**Hijikata M, Kati N, Otsuyama Y** et al.(1991). Mapeamento genético da região estrutural putativa do genoma do vírus da hepatite C por processamento in vitro. Análise. ProcNatlAcadSci USA; 88:5547-5551.

47-**Ma Y, Yates J, Liang Y, Lemon SM e Yi M. (2008)**. Domínios da helicase NS3 envolvidos na montagem de partículas intracelulares infecciosas do vírus da hepatite C. J Virol ;82:7624-7639

48-**Liang T. Jake, Barbara Rehermann, Leonard B. Seef; Jay H Hoofnagle. (2000)**. Pathogenesis, Natural History, Treatment, and Prevention of Hepatitis C. Annals of internal methods 15; 132(4):296-305.

49-**Mónica Anzola e Juan José Burgos. (2003)**. Vírus da hepatite C (HCV): estrutura modelo e organização do genoma. Revisões especializadas em medicina molecular: 5; 19.

50-**Gottwein JM, Scheel TK, Jensen TB, Lademann JB, Prentoe JC, Knudsen ML, Hoegh AM e BukhJ.(2009)**. Desenvolvimento e caraterização de sistemas de cultura de células do genótipo 1-7 do vírus da hepatite C: papel do CD81 e do recetor scavenger classe B tipo I e efeito de medicamentos antivirais. Hepatologia; 49(2):364-77.

51-**El-Shamy A e Hotta H. (2014)**. Impacto da heterogeneidade do vírus da hepatite C na sensibilidade ao interferão: uma visão geral. World J *Gastroenterol; 20:7555-7569.*

52-**Rouabhia S, Sadelaoud M, Chaabna-Mokrane K, *et al.* (2013)**. Genótipos do vírus da hepatite C no nordeste da Argélia: um estudo retrospetivo. *World J Hepatol; 5:393-397.*

53-**Zein NN.(2000)**. Significado clínico dos genótipos do vírus da hepatite C. Clin Microbiol Rev. 13(2):223-35.

54-**Gaetano Serviddio. (2013).** Gestão prática da hepatite viral crónica" Capítulo (2): Heterogeneidade Genómica dos Vírus da Hepatite (A-E): Papel nas Implicações Clínicas e no Tratamento. *ISBN 978-953-51-1109-2.*

55-**Bartenschlager R, Frese M e Pietschmann T. (2004).** Novos conhecimentos sobre a replicação e persistência do vírus da hepatite C. *Adv Virus Res; 63: 71-180.*

56-**Bartosch B e Cosset F L. (2006).** Entrada celular do vírus da hepatite C. *Virologia; 348:1-12.*

57-**Lindenbach BD e Rice CM. (2005).** Desvendando a replicação do vírus da hepatite C do genoma à função. *Nature; 436: 933-938.*

58-**Kunkel M. et al. (2001).** Auto-montagem de partículas do tipo nucleo-cápside a partir da proteína do núcleo do vírus da hepatite C recombinante J. Virol;75: *2119-2129.*

59-**Pereira Arema A e Jacobson Ira M. (2009).** Terapias novas e experimentais para o VHC. *Nature Reviews Gastroenterology and HepatologyJulho; 6: 403-411.*

60-**Ridge JP, Di Rosa F e Matzinger P. (1998).**A conditioned dendritic cell can be atemporal bridge between a CD41 T-helper and a T-killer cell. *Nature; 393:474-8.*

61-**Weiner AJ, Brauer MJ, Rosenblatt J, Richman KH, Tung J, Crawford K** et al.**(1991).** Os domínios variáveis e hipervariáveis encontram-se nas regiões do HCV correspondentes ao envelope dos flavivírus e às proteínas NS1 e às glicoproteínas do envelope dos pestivírus. *Virologia; 180:842-8.*

62-**Kurosaki M, Enomoto N, Marumo F e Sato C.(1993).** Variação rápida da sequência da região hipervariável do vírus da hepatite C durante o curso da infeção crónica. *Hepatology1993; 18:1293-9.*

63-**Farci P, Alter HJ, Govindarajan S, Wong DC, Engle R, Lesniewski RR** et al.**(1992).** Falta de imunidade protetora contra a reinfeção pelo vírus da hepatite C. *Science; 258:135-40.*

64-**Kato N, Sekiya H, Ootsuyama Y, Nakazawa T, Hijikata M, Ohkoshi S** et al.**(1993).** Resposta imunitária humoral à região hipervariável 1 da glicoproteína putativa do envelope (gp70) do vírus da hepatite C. *J Virol; 67:3923-30.*

65-**Bassett SE, Thomas DL, Brasky KM e Lanford RE (1999).** Persistência viral, anticorpos contra E1 e E2 e estabilidade da sequência da região hipervariável 1 em chimpanzés inoculados com o vírus da hepatite C. *J Virol; 73:1118-26.*

66-**Major ME, Mihalik K, Fernandez J, Seidman J, Kleiner D, Kolykhalov AA** et al.**(1999).** Acompanhamento a longo prazo de chimpanzés inoculados com o primeiro clone infecioso do vírus da hepatite C. *J Virol; 73:3317-25.*

67-**Missale G. et al. (1996).** Diferentes comportamentos clínicos da infeção aguda pelo vírus da hepatite C estão associados a um vigor diferente da resposta imunitária anti-viral mediada por células. *J. Clin.Invest; 98: 706714.*

68-**Diepolder HM, Gerlach JT, Zachoval R, Hoffmann RM, Jung MC, Wierenga EA** et al. **(1997).** Epítopo imunodominante de células T CD41 na proteína não estrutural 3 na infeção aguda pelo vírus da hepatite C. J Virol; 71: 6011-9.

69-**Chang KM** et al. **(1997).** Significado imunológico de variantes de epítopos de linfócitos T citotóxicos em doentes cronicamente infectados pelo vírus da hepatite C. *J ClinInvest; 100 : 2376-2385.*

70-**Lamonaca V, Missale G, Urbani S, Pilli M, Boni C, Mori C** et al.**(1999).** As sequências conservadas do vírus da hepatite C são altamente imunogénicas para as células T CD4 (1): implicações para o desenvolvimento de vacinas. *Hepatology; 30:1088-98.*

71-**Cooper S, Erickson AL, Adams EJ, Kansopon J, Weiner AJ, Chien DY** et al. **(1999).** Análise de uma resposta imunitária bem sucedida contra o vírus da hepatite C. *Immunity; 10:439-49.*

72-**Rehermann B, Chang KM, McHutchison JG, Kokka R, Houghton M,Chisari FV.(1996).** Análise quantitativa da resposta dos linfócitos T citotóxicos do sangue periférico em doentes com infeção crónica pelo vírus da hepatite C. *J Clin Invest; 98:1432-40.*

73- **Borysiewicz LK, Morris S, Page JD e Sissons JG.**
(1983). Linfócitos T citotóxicos específicos do vírus cito megalo humano: requisitos para a geração e especificidade in vitro. *Eur J Immunol; 13:804-9.*

74-**Weiner A, Erickson AL, Kansopon J, Crawford K, Muchmore E, Hughes AL** et al.**(1995).** Persistent hepatitis C virus infection in a chimpanzee is associatedwith emergence of a cytotoxic T lymphocyte escape variant. *ProcNatlAcad Sci U S A; 92:2755-9.*

75-**Kaneko T, Moriyama T, Udaka K, Hiroishi K, Kita H, Okamoto H** et al.**(1997).** Indução prejudicada de linfócitos T citotóxicos por antagonismo de um agonista fraco suportado por um epítopo variante do vírus da hepatite C. *Eur J Immunol; 27:1782-7.*

76-**Gale M Jr, Kwieciszewski B, Dossett M, Nakao H e Katze MG.(1999).** Os potenciais anti apoptóticos e oncogénicos do vírus da hepatite C estão ligados à resistência ao interferão pela repressão viral da proteína quinase PKR. *J Virol; 73:6506-16.*

77-**Taylor DR, Shi ST, Romano PR, Barber GN e Lai MM.(1999).** Inibição da proteína quinase induzível por interferão PKR pela proteína E2 do VHC. *Science; 285:107-10.*

78-**Large MK, Kittlesen DJ e Hahn YS. (1999).** Supressão da resposta imunitária do hospedeiro pela proteína central do vírus da hepatite C: possíveis implicações para a persistência do vírus da hepatite C. J Immunol; 162:931-8.

79-**Nuti S, Rosa D, Valiante NM, Saletti G, Caratozzolo M, Dellabona P** et al.**(1998).** Dynamics of intra-hepatic lymphocytes in chronic hepatitis C: enrichmentfor Valpha241 T cells and rapid elimination of effector cells by apoptosis. EurJ Immunol; 28:344855.

80-**Chehimi J e Trinchieri G. (1994).** Interleukin-12: Uma ponte entre a resistência inata e a imunidade adaptativa com um papel na infeção e na imunodeficiência adquirida. J. Clin. Immunol; *14:149-161.*

81- **Aggarwal S, Ghilardi N, Xie MH, de Sauvage FJ e Gurney AL.(2003).** A interleucina-23 promove um estado distinto de ativação das células T CD4 caracterizado pela produção de interleucina-17. *J. Biol. Chem. 278: 1910-1914.*

82- **Bacon CM, Petricoin EF, Ortaldo JR, Rees RC, Larner AC, Johnston JA e O'Shea JJ. (1995).** A interleucina 12 induz a fosforilação da tirosina e a ativação do STAT4 em linfócitos humanos. *Proc. Natl. Acad. Sci. USA; 927: 307-311.*

83- **Collison LW e Vignali DA. (2008).** Interleucina-35: Estranha ou parte da família? *Immunol. Rev. 226: 248-262.*

84- **Mullen AC, High FA, Hutchins AS** et al. **(2001).** Papel de T-bet no compromisso das células TH1 antes da seleção dependente de IL-12. *Science; 292:1907-1910.*

85- **Lighvani AA, Frucht DM, Jankovic D** et al. **(2001).** T-bet is rapidly induced by interferon-gamma in lymphoid and myeloid cells. *Proc. Natl. Acad. Sci. US; 98: 15137-15142.*

86- **Usui T, Preiss JC, Kanno Y,** et al. **(2006).** T-bet regula as respostas Th1 através de efeitos essenciais na função GATA-3 e não na acetilação e transcrição do gene IFNG. *J. Exp. Med. 203: 755-766.*

87- **Szabo SJ, Dighe AS** et al. **(1997).** Regulação da expressão da subunidade beta 2 da interleucina (IL)-12R no desenvolvimento de células T helper 1 (Th1) e Th2. *J. Exp. Med. 185:817-824.*

88- **Boehm U, Klamp T** et al. **(1997).**Cellular responses to mterferon-Y. *Annu Rev. Immunol. 15: 749-795.*

89- **Watford WT, Moriguchi M** et *al.* **(2003).** The biology of IL- 12: Coordinating innate and adaptive immune responses. *Cytokine Growth Fator Rev. 14 :361-368.*

90- **Aragane Y, Riemann H** et *al.* **(2010).** A IL-12 é expressa e libertada por queratinócitos humanos e linhas celulares de carcinoma epidermoide. *J. Immunol.153: 5366-5372.*

91- **Aste-Amezaga, Ma, Sartori e Trinchieri. (1998).** Mecanismos moleculares da indução de IL-12 e sua inibição por IL-10. *J. Immunol; 160: 5936-5944.*

92- **Segal, Dwyer e Shevach. (1998).** An interleukin (IL) - 10/IL-12 immunoregulatory circuit controls susceptibility to autoimmune disease. *J. Exp. Med.: 187: 537-546.*

93- **Trinchieri.(2003).** Interleukin-12 e a regulação da resistência inata e da imunidade adaptativa. *Nat.Rev. Immunol.: 3; 133-146.*

94- **Gazzinelli, Wysocka e Hayashi. (1994)** A IL-12 induzida pelo parasita estimula a síntese precoce de IFN-gama e a resistência durante a infeção aguda por Toxoplasma gondii. *J. Immunol. : 153; 25332543.*

95- **Estaquier, Idziorek e Zou (1995).** Citocinas T helper tipo 1/T helper tipo 2 e morte de células T: Efeito preventivo da interleucina 12 na apoptose induzida por ativação e mediada por CD95 (FAS/APO-1) de células T CD4+ de pessoas infectadas com o vírus da imunodeficiência humana. *J. Exp. Med.; 182: 1759-1767.*

96- **Austrup, Vestweber e Borges. (1997).**P- e E-selectin medeiam o recrutamento de células T-helper-1 mas não de células T-helper-2 em tecidos inflamados. *Nature; 385: 81-83.*

97- **Bonecchi, Bianchi e Bordignon (1998).** Expressão diferencial dos receptores de quimiocinas e capacidade de resposta quimiotáctica das células T auxiliares de tipo 1 (Th1s) e Th2s. *J. Exp. Med 187: 129-134.*

98- **Goriely, Neurath e Goldman. (2008).** How microorganisms tip the balance between interleukin-12 family members. *Nat. Rev. Immunol. ; 8: 81-6.*

99- **Iwasaki A e Medzhitov R.(2010).** Regulação da imunidade adaptativa pelo sistema imunitário inato. *Ciência; 327:291-295.*

100- **Janeway CA Jr e Medzhitov R. (2002).** Reconhecimento imunitário inato. *Annu RevImmunol ; 20:197-216.*

101- **Akira S e Takeda K. (2004).** Sinalização dos receptores do tipo Toll. Nat *Rev Immuno ; 4:499-511.*

102- **Aderem A e Ulevitch RJ. (2000).** Toll-like receptors in the induction of the innate immune response. *Nature; 406:782-787.*

103- **Akira S, Uematsu S e Takeuchi O. (2006).** Reconhecimento de agentes patogénicos e imunidade inata. *Cell; 124:783-801.*

104- **Sioud M.(2006)** Innate sensing of self and non-self RNAs by Toll-like receptors. *Trends Mol Med; 12:167-176.*

105- **West AP, Koblansky AA e Ghosh S. (2006).**Reconhecimento e sinalização por receptores do tipo toll. *Annu Rev Cell Dev Biol 2006; 22:409-437.*

106- **Prinz M, Heikenwalder M, Schwarz P, Takeda K, Akira S e Aguzzi A. (2003).**Prion pathogenesis in the absence of Toll-like recetor signalling. *EMBO Rep; 4:195-199.*

107- **Alexopoulou L, Holt AC, Medzhitov R e Flavell RA.(2001).** Reconhecimento de RNA de cadeia dupla e ativação de NF-kappaB por Toll-like receptor3. *Nature ; 413:732-738.*

108- **Schwabe RF, Seki E e Brenner DA.(2006).** Sinalização dos receptores Toll-like no fígado. *Gastroenterolog; 130:1886-1900.*

109- **Lee MS e Kim YJ.(2007).** Vias de sinalização a jusante dos receptores de reconhecimento de padrões e sua conversa cruzada. *Annu Rev Bioche ; 76:447-480.*

110- **Gay NJ e Gangloff M.(2007).** Estrutura e função dos receptores Toll e seus ligandos. *Annu Rev Biochem ; 76:141-165.*

111- **Funk, Kottilil, Gilliam e Talwani.(2014).** Fazendo cócegas no TLR7 para curar a hepatite viral. *Jornal de Medicina Translacional 2014; 12:129.*

112- **Isaacs A e Lindenmann J. (1957).** Interferência de vírus. I. O interferão. *Proc R Soc Lond Ser B Biol Sci; 147: 258-267.*

113- **Armstrong A e Attallah** et al. **(1984).** Interferões e suas aplicações. *;585:25*

114- **Pestka , Langer , Zoon e Samuel .(1987).** Interferões e suas acções. *Annu. Rev. Biochem ;56: 727-777*

115- **Platanias** et al.(2005). Mechanisms of type-I and type-II- interferon mediated signalling. *Nat Rev Immunol ; 5: 375-386*

116- **Le Page C, Genin P, Baines MG e Hiscott J. (2000).** Ativação de interferão e imunidade inata. *Rev Immunogenet.; 2(3):374-86.*

117- **Sher A , Gazzinelli RT, Oswald IP, Clerici M, Kullberg M, Pearce EJ, Berzofsky JA, Mosmann TR, James SL e Morse HC.(1992).** Role of T-cell derived cytokines in the down regulation of immune responses in parasitic and retroviral infection. Immunol Rev. 127:183-204.

118- **Mazzella G** et al.**(1999).** Resultados a longo prazo da terapia com interferão na hepatite crónica do tipo B: um ensaio prospetivo aleatório. *Am J Gastroentero ; 94: 2246-2250.*

119- **Bekisz, Goldman, Hernandez, Schmeisser e Zoon. (2004).** Mini Review Human Interferons Alpha, Beta e Omega. *Factores de crescimento; 22 (4): 243-51.*

120- **Bruno R, Sacchi P, Ciappina V, Zochetti C, Patruno S, Maiocchi L** et al.**(2004).** Dinâmica viral e farmacocinética do peginterferão alfa-2a e do peginterferão alfa-2b em doentes naive com hepatite c crónica: um estudo aleatório e controlado. *AntivirTher; 9(4):491-7.*

121- **Bailon** et al. **(2001).**Rational design of a potent, long-lasting form of interferon: A 40 kDa branched polyethylene glycol- conjugated interferon alpha-2a for the treatment of hepatitis C. *Bioconjugate chemistery, 12; 2: 195-202.*

122- **PubChem.Compound.2014**
http://pubchem.ncbi.nlm.nih.gov/summary/summary.cgi?cid=71 306834)

123- **Borden EC e Williams BRG. (2000).** Interferões. In: Bast RC Jr, Holland JF, Gansler TS, eds. Cancer Medicine, 5ª edição, *Toronto: B.C. Decker Inc: 815-824.*

124- **Chen Q, Gong B, Mahmoud-Ahmed AS** et al. **(2001).** As proteínas relacionadas com Apo2L/TRAIL e Bcl2 regulam a apoptose induzida por interferão de tipo I no mieloma múltiplo. *Sangue; 982183-2192.*

125- **Sen GC. (2001).** Vírus e interferões. *Annu RevMicrobiol ; 55: 255-281.*

126- **Gale M Jr. (2003).** Genes efectores da ação do interferão contra o vírus da hepatite C. *Hepatologia; 37:975-978.*

127- **He Y e Katze M G. (2002).** Interferir e anti-interferir: a interação entre o vírus da hepatite C e o interferão. *Viral Immunol. ; 15, 95-119.*

128- **De Clercq E. (2012).** *Ata Pharm Sin 2012; 2:535-548.*

129- **Budavari S. (1996).** The Merck Index, An Encyclopaedia of Chemicals, Drugs and Biologicals. 12th. NJ: Merck & Co p 1409.

130- Pawlowska M. (2008). O papel da ribavirina no tratamento da hepatite C crónica. Przegl Epidemiol; 62(1):143-7.

131- (www.hepatitiscnewdrugs.blogspot.com)

132- **Herrmann E, Lee JH, Marinos G, Modi M e Zeuzem S. (2003)** Effect of ribavirin on hepatitis C viral kinetics in patients treated with pegylated interferon.

Hepatology; 37: 1351-8.

133- **Layden-Almer JE, Ribeiro RM, Wiley T, Perelson AS e Layden TJ. (2003).** Dinâmica viral e diferenças de resposta em pacientes afro-americanos e brancos infectados com HCV tratados com IFN e ribavirina. *Hepatology; 37: 1343-50.*

134- **Markland W, Mcquaid T, Jain A e Kwong AD. (2000).** Atividade antivírica de largo espetro do inibidor da desidrogenase do IMP VX-497: comparação com a ribavirina e demonstração da aditividade antivírica com o interferão alfa. *Antimicrob Agent Chemother; 44: 859-66.*

135- **Lau JY, Tam RC, Liang TJ e Hong Z. (2002).** Mecanismo de ação da ribavirina no tratamento combinado da infeção crónica pelo VHC. *Hepatology; 35: 1002-9.*

136- www.imgarcade.com /ribavirin.html

137- **Brok J, Gluud LL e Gluud C. (2005).** Effects of adding ribavirin to interferon to treat chronic hepatitis C infection: a systematic review and meta-analysis of randomized trials. *Arch Intern Med; 165: 2206-12.*

138- **Manns MP, Veldt BJ, Heathcote EJ, Wedemeyer H, Reichen J, Hofmann WP, Zeuzem S, Hansen BE, Schalm SW, Janssen HL. (2007).** Resposta virológica sustentada e resultados clínicos em doentes com hepatite C crónica e fibrose avançada. *Ann Intern Med Nov 20; 147(10):677-84.*

139- **Fried MW. (2002).** Efeitos secundários da terapêutica da hepatite C e sua gestão. *Hepatology Nov; 36(5) 1:S237-44.*

140- **Sarrazin C, Rouzier R, Wagner F et al.(2007).** SCH503034, um novo inibidor da protease do vírus da hepatite c, mais interferão alfa-2b peguilado para os não respondedores ao genótipo 1. *Gastroenterology; 123: 1270-8.*

141- **Hofmann WP, Herrmann E, Sarrazin C e Zeuzem S.(2008).** Modo de ação da ribavirina na hepatite C crónica: do uso clínico ao fígado. Int; 28(10):1332-43.

142- **Kieffer TL, Sarrazin C, Miller JS et al. (2007).** Telaprevir e interferão-alfa-2a peguilado inibem a replicação do vírus da hepatite C do tipo selvagem e do genótipo 1 resistente em doentes. Hepatology; 46: *631-9.*

143- **Poynard T, Marcellin P, Lee SS et al. (1998).** Randomised trial of interferon alpha2b plus ribavirin for 48 weeks or for 24 weeks versus interferon alpha2b plus placebo for 48 weeks for treatment of chronic infection with hepatitis C virus. Grupo Internacional de Terapia Intervencionista para a Hepatite (IHIT). *Lancet; 352: 142632.*

144- **Mchutchison JG, Gordon SC, Schiff ER et al. (1998).** Interferão alfa-2b isolado ou em combinação com ribavirina como tratamento inicial para a hepatite C crónica. Hepatitis Interventional Therapy Group. *N Engl J Med; 339: 1485-92.*

145- **Neumann AU, Lam NP, Dahari H, Gretch DR, Wiley TE, Layden TJ e Perelson AS.(1998).** Hepatitis C viral dynamics in vivo and the antiviral efficacy of interferon-therapy. *Science; 282:103-107.*

146- **Gutfreund Klaus S. e Bain Vincent G. (2000).** Hepatite viral crónica C:

atualização da gestão. *CMAJ; 162(6):827-33.*

147- **Mark S. Sulkowski, Curtis Cooper, Bela Hunyady, Jidong Jia, Pavel Ogurtsov, Markus Peck-Radosavljevic, Mitchell L. Shiffman, Cihan Yurdaydin e Olav Dalgard.(2011).** Management of adverse effects of Peg-IFN and ribavirin therapy for hepatitis C. *Nature Reviews Gastroenterology and Hepatology ; 8: 212-223.*

148- **Hadziyannis SJ, Sette H Jr, Morgan TR et al. (2004).** Terapia combinada de peginterferão-alfa2a e ribavirina na hepatite C crónica. Um estudo aleatório da duração do tratamento e da dose de ribavirina. *Ann Intern Med; 140: 346-55.*

149- **McHutchison JG et al. (2009).** Peginterferon alfa-2b ou alfa-2a com ribavirina para o tratamento da infeção por hepatite C. *N. Engl. J. Med. 2009 361; 580-593.*

150- **Negro F. (2010).** Efeitos adversos dos medicamentos no tratamento das hepatites virais. *Best Pract Res Clin Gastroenterol, 24(2):183-92.*

151- **Dieterich DT e Spivak JL. (2003).**Distúrbios hematológicos associados à infeção pelo vírus da hepatite C e seu tratamento. *Clin Infect Dis37:533-541.*

152- **Kowdley KV. (2005).** Efeitos secundários hematológicos da terapêutica com interferão e ribavirina. *J Clin Gastroenterol; 39: S3-S8.*

153- **Aghemo A et al. (2008).** A anemia durante a terapêutica com peginterferão e ribavirina resulta tanto do aumento da supressão da diferenciação eritroide como da hemólise [resumo 1034]. *Hepatology; 48: 890A-891A.*

154- **Afdhal NH et al. (2004).**A epoetina alfa mantém a dose de ribavirina em doentes infectados com VHC: um estudo prospetivo, em dupla ocultação, controlado e aleatório. *Gastroenterology; 126: 1302-1311.*

155- **Henry DH, Slim J e Lamarca A. (2007).** História natural da anemia associada à terapia com interferon/ribavirina em pacientes com co-infeção HIV/HCV. *AIDS Res Hum Retroviruses; 23:1-9.*

156- **Fellay J et al. (2010).** As variantes do gene ITPA protegem contra a anemia em doentes tratados para a hepatite C crónica. *Nature; 464 :405-408 .*

157- **Ochi H et al.(2010).** O polimorfismo ITPA afecta a anemia induzida pela ribavirina e os resultados da terapêutica - um estudo do genoma de doentes japoneses com o vírus VHC. *Gastroenterology; 139: 1190-1197 .*

158- **Thompson A J et al. (2010).** As variantes no gene ITPA protegem contra a anemia hemolítica induzida pela ribavirina e diminuem a necessidade de redução da dose de ribavirina. *Gastroenterology;139 :1181- 1189.*

159- **Walaa H Ahmed, Norihiro Furusyo, Saad Zaky, Abeer Sharaf Eldin, Hany Aboalam, Eiichi Ogawa, Masayuki Murata e Jun Hayashi.(2013).** Papel pré-tratamento do polimorfismo da inosina trifosfato pirofosfatase na previsão de anemia em pacientes egípcios com vírus da hepatite C. *World J Gastroenterol; 19(9): 1387-1395.*

160- **Cusato J, Allegra S, Boglione L, De Nicolo A, Cariti G, Di Perri G e**

D'Avolio.(2015). Um impacto dos polimorfismos do gene VDR na anemia em 2 semanas de terapia anti-HCV: um possível mecanismo para anemia induzida por RBV precoce. *Pharmacogenet Genomics Apr;25(4): 164-72.*

161- **Weksler BB. (2007).** Artigo de revisão: a fisiopatologia da trombocitopenia na infeção pelo vírus da hepatite C e na doença hepática crónica. *Aliment Pharmacol Ther; 26: 13-19.*

162- **Giannini E, Botta F, Borro P** et al. **(2003).** Relação baço/diâmetro da contagem de plaquetas: proposta e validação de um parâmetro não invasivo para prever a presença de varizes esofágicas em pacientes com cirrose hepática. *Gut; 52:1200-5.*

163- **Gara N e Ghany MG. (2013).** O que o médico de doenças infecciosas precisa de saber sobre o interferão peguilado e a ribavirina. *Clin Infect Dis; 56: 1629-1636.*

164- **Associação Europeia para o Estudo do Fígado (2011).** Directrizes de Prática Clínica da EASL: gestão da infeção pelo vírus da hepatite C. *J Hepato. 55:245-264.*

165- **Sung H, Chang M e Saab S. (2011).** Gestão dos efeitos adversos da terapia antiviral da hepatite C. *Curr Hepat Rep ; 10:33-40.*

166- **Macedo G e Ribeiro T.(1999).** Interferão mais ribavirina: uma nota de precaução. *Am. J. Gastroenterol; 94: 3087-3088 .*

167- **Grossmann S D C, Teixeira R, de Aguiar, M C F e do Carmoa M AV.(2008).** Exacerbação de lesões de líquen plano oral durante o tratamento da hepatite C crónica com interferão peguilado e ribavirina. Eur. *J. Gastroenterol. Hepatol. 20: 702-706 .*

168- **Richetta A G** et al. **(2009).** Tratamento da psoríase eritrodérmica em paciente HCV+ com adalimumab. *Dermatol. Ther; 22: S16-S18.*

169- **Li Z, Zhang Y, An J, Feng Y, Deng H, Xiao S e Ji F.(2014).** Factores preditivos de eventos dermatológicos adversos durante o tratamento com peguilado/interferão alfa e ribavirina para a hepatite C. *J Clin Virol. ;60 (3):190-5.*

170- **Manns MP, McHutchison JG, Gordon SC** et al.**(2001).** Peginterferon alfa-2b mais ribavirina em comparação com interferon alfa-2b mais ribavirina para o tratamento inicial da hepatite C crónica: um ensaio aleatório. *Lancet; 358:958-965.*

171- **kumar KS** et al.**(2002).** Toxicidade pulmonar significativa associada à terapia com interferão e ribavirina para a hepatite C. *Am. J. Gastroenterol;97: 2432-2440*

172- **Raison C L., Demetrashvili M., Capuron L. e Miller A H.(2005).**Efeitos adversos neuropsiquiátricos do interferão-alfa: reconhecimento e gestão. CNS *Drugs; 19:105-123.*

173- **Shafer M.(2008).** Gestão dos efeitos secundários do tratamento da hepatite C crónica com interferão alfa e ribavirina: Efeitos secundários psiquiátricos. Hot Topics In Viral *Hepatitis ; 9 :11-20.*

174- **Banjac V, Zivlak-Radulovic N e Miskovic M. (2016).** O Efeito da Terapia Antiviral Combinada no Tratamento da Hepatite C na Ocorrência de Transtorno Depressivo em Pacientes Tratados para Hepatite C na República de Srpska. *Med Arch; 70(2):127-30.*

175- **Narkewicz MR.** et al. **(2010).** Complicações oftalmológicas em crianças com hepatite C crónica tratadas com interferão peguilado. *J. Pediatr. Gastroenterol. Nutr;* *51: 183-186* .

176-   **kims E T, Kim L H., Lee J I. e Chin H S.(2009).** Retinopatia em doentes com hepatite C devido à terapêutica combinada com interferão peguilado e ribavirina. *Jpn J. Ophthalmol ;53 :598-602.*

177-   **Lim J W e Shin MC. (2010).** Retinopatia associada ao interferão peguilado em doentes com hepatite crónica. *Ophthalmologica; 224: 224-229.*

178-   **Tran HA, Jones TL e Batey RG. (2005).** O espetro da disfunção da tiroide numa população australiana com hepatite C tratada com uma combinação de Interferão-alfa2beta e Ribavirina. *BMC Endocr. Disord; 5:8.*

179-   **Nadeem A** et al. **(2009).** Efeitos da terapia combinada de interferão alfa e ribavirina nas funções da tiroide em doentes com hepatite C crónica. *J. Coll. Physicians Surg. Pak; 19:86-89.*

180-   **Prummel MF and Laurberg P. (2003)** Interferon-alfa and autoimmune thyroid disease. *Tiroide; 13: 547-551.*

181-   **Tomer Y, Blackard JT. e AkenoN.(2007).** Tratamento com interferão alfa e disfunção da tiroide. Endocrinol. *Metab. Clin. North Am. ;36: 1051-1066*

182-   **Yong Hwang, Won Kim, So Young Kwon, Hyung Min Yu e Jeong Han Kim Won Hyeok Choe. (2015).** Incidência e fatores de risco para disfunção tireoidiana durante o tratamento com peginterferon a e ribavirina em pacientes com hepatite C crônica. *Korean J Intern Med; 30(6): 792-800.*

183-   **Hamza I, Eid Y, El-Sayed M, Marzaban R e Abdul-Kareem. (2016).** Disfunção tireoidiana em pacientes com hepatite C crônica tratados com a terapia combinada de interferon-ribavirina peguilada. J Interferon Cytokine Res; 36 (9): 527-33.

184-   **Olivieri I, Palazzi C e Padula A.(2003).** O vírus da hepatite C e a artrite. Rheum. *Dis. Clin. North Am; 29 :111-122.*

185-   **Niewold TB e Swedler WI. (2005).** Lúpus eritematoso sistémico que surge durante a terapia com interferão-alfa para vasculite crioglobulinémica associada à hepatite C. *Clin. Rheumatol; 24: 178-181.*

186-   **Ahmed A e Felmlee DF. (2015).** Mecanismos de resistência viral da hepatite C aos antivirais de ação direta. *Revisão. Vírus; 7: 6716-6729.*

187-   **Ranjith-Kumar C e Kao C. (2006).** Biochemical Activities of the HCV NS5B RNA-Dependent RNA Polymerase; *Taylor & Francis: Wymondham, Inglaterra. pp. 293-310.*

188-   **Pockros PJ. (2010).** Novos antivirais de ação direta em desenvolvimento para a infeção pelo vírus da hepatite C. *Terapêutica. Adv. Gastroenterol; 3: 191-202.*

189-   **Lontok E. Harringto P. Howe A. Kieffer T** et al. **(2015).** Substituições associadas à resistência aos medicamentos do vírus da hepatite C: Resumo do estado da arte. *Hepatologia; 62: 1623-1632.*

190-   **Hebner C, Lee Y-J, Han B** et al. **(2012).** Atividade pan-genotípica e combinada in vitro do sofosbuvir (GS-7977) em linhas celulares replicónicas estáveis *[abstract no. 1875]. Hepatology; 56(4):1066A.*

191-   **Osinusi A, Meissner EG, Lee Y-J** et al.**(2013).** Sofosbuvir e Ribavirina para hepatite C genótipo 1 em pacientes com características de tratamento desfavoráveis: um ensaio clínico randomizado. *JAMA; 310(8):804-11.*

192-   **Guedj J, Pang PS, Denning J** et al. **(2014).** Análise da cinética viral da hepatite C durante a administração de dois análogos de nucleótidos: Sofosbuvir (GS-7977) e GS-0938. *Antivir Ther.; 19(2):211-20.*

193-   **Gilead Sciences Inc. (2013).** SovaldiTM (sofosbuvir) comprimidos, para uso oral: *Informação de prescrição nos EUA. 2013.*

194-   **Agência Europeia de Medicamentos. (2014).** Sovaldi (sofosbovir): *Resumo das características do produto na UE. 2014.*

195-   **Ghayathri VR, Vinodhini C, Gayatri S e Chitra K.(2014).** Perfil do medicamento Sofosbuvir - um inibidor análogo de nucleótidos da polimerase do vírus da hepatite C. Revista mundial de farmácia e ciências farmacêuticas; 3 (5): 1411-1416. Artigo de revisão.

196-   **Lam AM, Espiritu C, Bansal S** et al.**(2012).** Perfil de genótipo e subtipo de PSI-7977 como um inibidor de nucleótidos do vírus da hepatite C. *Antimicrobial Agents and Chemotherapy; 56:3359-68.*

197-   **Svarovskaia ES, Dvory-Sobol H, Parkin N, Hebner C** et al. **(2013).**Desenvolvimento pouco frequente de resistência em indivíduos infectados com o vírus da hepatite C de genótipo 1-6 tratados com sofosbuvir em ensaios clínicos de fase 2 e 3. *Clin. Infect. Dis; 59: 1666-1674*

198-   (www.slideshare.net/tajammulsiddiq/essence-of-sofosbuvir)

199-   **Babusis DM, Curry MP, Denning JM** et *al.*

(2013).Níveis de análogos de nucleótidos em explantes hepáticos de indivíduos infectados com VHC submetidos a transplante hepático após até 24 semanas de sofosbuvir (GS-7977) com tratamento com ribavirina *[resumo nº 1091]. Hepatology; 58(4):737A.*

200-   **Mehellou Y, Balzarini J e McGuigan C. (2009).** Triésteres de fosforamidato de ariloxi: uma tecnologia para a entrega de nucleósidos e açúcares monofosforilados nas células. *Chem Med Chem 4:1779-1791.*

201-   **Koff RS.(2014).** Artigo de revisão: a eficácia e segurança do sofosbuvir, um novo inibidor oral da polimerase NS5B de nucleótidos, no tratamento da infeção crónica pelo vírus da hepatite C. *Aliment Pharmacol Ther. Mar; 39(5):478-87.*

202-   **Han B Mo H e Wong KA. (2012).** Análises in vitro de mutantes NS5B S282T do VHC em múltiplos genótipos do VHC mostram baixos níveis de suscetibilidade reduzida ao sofosbuvir (GS-7977), nenhuma resistência cruzada a outras classes de antivirais de ação direta e hipersensibilidade à ribavirina *[resumo n.º 1078]. Hepatologia. 56 (4).*

203-   **Summers BB, Beavers JW e Klibanov OM. (2014).** Sofosbuvir, um novo inibidor de análogos de nucleotídeos usado para o tratamento do vírus da hepatite C. *j. farmácia e farmacologia. ;66 (12):1653-66.*

204-   **Kirby B, Gordi T, Symonds WT *et al.*(2013).** Farmacocinética populacional do sofosbuvir e seu principal metabólito (GS-

331007) em indivíduos adultos saudáveis e infectados com VHC [resumo nº *1106]. Hepatology. ;58(4):746A-7A.*

205-   **Zeuzem S, Jacobson IM, Baykal T, Marinho RT.et al. (2014).** Retratamento do HCV com ABT-450/rombitasvir e dasabuvir com ribavirina. N. *Engl. J. Med. ;370: 1604-1614*

206-   **Marin~o Z, van Bo'mmel F, Forns X** et al. **(2014).** Novos conceitos de regimes de tratamento à base de sofosbuvir em pacientes com hepatite C. Gut. *63(2):207-15.*

207-   **Manns MP, Foster GR, Rockstroh JK, Zeuzem S, Zoulim F e Houghton M. (2007).** The way forward in HCV treatment-finding the right path. *Nat. Rev Drug Disc; 6:991-1000.*

208-   **Gane EJ, Stedman CA, Hyland RH** et al.**(2013).** Inibidor da polimerase nucleotídica sofosbuvir mais ribavirina para a hepatite C. *New England Journal of Medicine; 368:34-44.*

209-   **Cheng W, Shafran S, Beavers K** et al. **(2014).** Acompanhamento a longo prazo de pacientes tratados com sofosbuvir nos estudos de Fase 3 FISSION, POSITRON, FUSION e NEUTRINO. *Jornal de Hepatologia;50(1):S449*

210-   **Lawitz E, Mangia S, Wyles D** et al.**(2013).** Sofosbuvir para a infeção crónica por hepatite C não tratada anteriormente. *N Engl J Med ; 368:1878-87.*

211-   **Lawitz E, Poordad F, Brainard DM** et al. **(2013).** Sofosbuvir em combinação com Peg IFN e ribavirina por 12 semanas fornece altas taxas de SVR em pacientes com experiência em tratamento com genótipo 2 ou 3 infectados com HCV com ou sem cirrose compensada: resultados do estudo LONESTAR-2. *Hepatology. 58(1):1380A.*

212-   **Ibrahim MK, Salem GM, Bader EL,** et al. **(2016).** Desregulação transcricional da sinalização a montante da via IFN na fibrose hepática induzida por HCV crônico tipo 4. PloSone.11:*e0154512.*

213-   **Hala M. Aldesouki, Hanan M. Zidan e Eman M. Elashry. (2017).** Expressão do gene sérico IL-12p70 e TLR 7 em pacientes egípcios infectados com HCV e tratados com Sofosbuvir, Ribavirina e / ou interferon peguilado International Journal of Biosciences.|10 (6): 179-194

Printed by Books on Demand GmbH, Norderstedt / Germany